国家出版基金项目
NATIONAL PUBLICATION FOUNDATION

中国中药资源大典
——中药材系列

中药材生产加工适宜技术丛书
中药材产业扶贫计划

干姜生产加工适宜技术

总 主 编 黄璐琦

主 编 吴 萍

副 主 编 李青苗

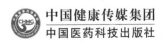

中国健康传媒集团
中国医药科技出版社

内 容 提 要

《中药材生产加工适宜技术丛书》以全国第四次中药资源普查工作为抓手，系统整理我国中药材栽培加工的传统及特色技术，旨在科学指导、普及中药材种植及产地加工，规范中药材种植产业。本书为干姜生产加工适宜技术，包括：概述、干姜药用资源、干姜栽培技术、干姜特色适宜技术、干姜药材质量评价、干姜现代研究与应用等内容。本书适合中药种植户及中药材生产加工企业参考使用。

图书在版编目（CIP）数据

干姜生产加工适宜技术 / 吴萍主编 . — 北京：中国医药科技出版社，2018.10

（中国中药资源大典 . 中药材系列 . 中药材生产加工适宜技术丛书）

ISBN 978-7-5214-0415-9

Ⅰ . ①干… Ⅱ . ①吴… Ⅲ . ①干姜－栽培技术 ②干姜－中草药加工 Ⅳ . ① S567.23

中国版本图书馆 CIP 数据核字（2018）第 197212 号

美术编辑 陈君杞
版式设计 锋尚设计

出版　**中国健康传媒集团** | 中国医药科技出版社
地址　北京市海淀区文慧园北路甲 22 号
邮编　100082
电话　发行：010-62227427　邮购：010-62236938
网址　www.cmstp.com
规格　710×1000mm　 $^{1}/_{16}$
印张　8 $^{1}/_{4}$
字数　73 千字
版次　2018 年 10 月第 1 版
印次　2018 年 10 月第 1 次印刷
印刷　北京盛通印刷股份有限公司
经销　全国各地新华书店
书号　ISBN 978-7-5214-0415-9
定价　38.00 元

中药材生产加工适宜技术丛书
—— 编委会 ——

序

我国是最早开始药用植物人工栽培的国家，中药材使用栽培历史悠久。目前，中药材生产技术较为成熟的品种有200余种。我国劳动人民在长期实践中积累了丰富的中药种植管理经验，形成了一系列实用、有特色的栽培加工方法。这些源于民间、简单实用的中药材生产加工适宜技术，被药农广泛接受。这些技术多为实践中的有效经验，经过长期实践，兼具经济性和可操作性，也带有鲜明的地方特色，是中药资源发展的宝贵财富和有力支撑。

基层中药材生产加工适宜技术也存在技术水平、操作规范、生产效果参差不齐问题，研究基础也较薄弱；受限于信息渠道相对闭塞，技术交流和推广不广泛，效率和效益也不很高。这些问题导致许多中药材生产加工技术只在较小范围内使用，不利于价值发挥，也不利于技术提升。因此，中药材生产加工适宜技术的收集、汇总工作显得更加重要，并且需要搭建沟通、传播平台，引入科研力量，结合现代科学技术手段，开展适宜技术研究论证与开发升级，在此基础上进行推广，使其优势技术得到充分的发挥与应用。

《中药材生产加工适宜技术》系列丛书正是在这样的背景下组织编撰的。该书以我院中药资源中心专家为主体，他们以中药资源动态监测信息和技术服

务体系的工作为基础，编写整理了百余种常用大宗中药材的生产加工适宜技术。全书从中药材的种植、采收、加工等方面进行介绍，指导中药材生产，旨在促进中药资源的可持续发展，提高中药资源利用效率，保护生物多样性和生态环境，推进生态文明建设。

丛书的出版有利于促进中药种植技术的提升，对改善中药材的生产方式，促进中药资源产业发展，促进中药材规范化种植，提升中药材质量具有指导意义。本书适合中药栽培专业学生及基层药农阅读，也希望编写组广泛听取吸纳药农宝贵经验，不断丰富技术内容。

书将付梓，先睹为悦，谨以上言，以斯充序。

中国中医科学院　院长

中　国　工　程　院　院士　张伯礼

丁酉秋于东直门

总　前　言

中药材是中医药事业传承和发展的物质基础，是关系国计民生的战略性资源。中药材保护和发展得到了党中央、国务院的高度重视，一系列促进中药材发展的法律规划的颁布，如《中华人民共和国中医药法》的颁布，为野生资源保护和中药材规范化种植养殖提供了法律依据；《中医药发展战略规划纲要（2016—2030年）》提出推进"中药材规范化种植养殖"战略布局；《中药材保护和发展规划（2015—2020年）》对我国中药材资源保护和中药材产业发展进行了全面部署。

中药材生产和加工是中药产业发展的"第一关"，对保证中药供给和质量安全起着最为关键的作用。影响中药材质量的问题也最为复杂，存在种源、环境因子、种植技术、加工工艺等多个环节影响，是我国中医药管理的重点和难点。多数中药材规模化种植历史不超过30年，所积累的生产经验和研究资料严重不足。中药材科学种植还需要大量的研究和长期的实践。

中药材质量上存在特殊性，不能单纯考虑产量问题，不能简单复制农业经验。中药材生产必须强调道地药材，需要优良的品种遗传，特定的生态环境条件和适宜的栽培加工技术。为了推动中药材生产现代化，我与我的团队承担了

农业部现代农业产业技术体系"中药材产业技术体系"建设任务。结合国家中医药管理局建立的全国中药资源动态监测体系，致力于收集、整理中药材生产加工适宜技术。这些适宜技术限于信息沟通渠道闭塞，并未能得到很好的推广和应用。

本丛书在第四次全国中药资源普查试点工作的基础下，历时三年，从药用资源分布、栽培技术、特色适宜技术、药材质量、现代应用与研究五个方面系统收集、整理了近百个品种全国范围内二十年来的生产加工适宜技术。这些适宜技术多源于基层，简单实用、被老百姓广泛接受，且经过长期实践、能够充分利用土地或其他资源。一些适宜技术尤其适用于经济欠发达的偏远地区和生态脆弱区的中药材栽培，这些地方农民收入来源较少，适宜技术推广有助于该地区实现精准扶贫。一些适宜技术提供了中药材生产的机械化解决方案，或者解决珍稀濒危资源繁育问题，为中药资源绿色可持续发展提供技术支持。

本套丛书以品种分册，参与编写的作者均为第四次全国中药资源普查中各省中药原料质量监测和技术服务中心的主任或一线专家、具有丰富种植经验的中药农业专家。在编写过程中，专家们查阅大量文献资料结合普查及自身经验，几经会议讨论，数易其稿。书稿完成后，我们又组织药用植物专家、农学家对书中所涉及植物分类检索表、农业病虫害及用药等内容进行审核确定，最终形成《中药材生产加工适宜技术》系列丛书。

在此，感谢各承担单位和审稿专家严谨、认真的工作，使得本套丛书最终付梓。希望本套丛书的出版，能对正在进行中药农业生产的地区及从业人员，有一些切实的参考价值；对规范和建立统一的中药材种植、采收、加工及检验的质量标准有一点实际的推动。

2017年11月24日

3

前　言

干姜为常用中药，始载于《神农本草经》，列为中品，在《中国药典》收载的中成药中有近200种使用干姜作为原料药，《中国药典》中分别收录干姜和生姜，因其基原植物相同，故本书在阐述干姜的同时也涉及部分生姜内容，供农户参考使用。同时，干姜在食品、化妆品上也有广泛的应用，市场需求量大，每年的贸易量达数万吨。干姜主产于四川、贵州、云南、广西等地。目前，仍是个体农户以传统、粗放的种植、加工方式进行生产，导致不同产地、不同批次的干姜药材之间品质差别比较大，即使是同批次加工得到的产品，在有效成分的组成、含量及成分比例方面也很难保持一致。因此建立一套有效的干姜生产加工适宜技术体系至关重要。

本书通过对干姜的本草考证、参考古今文献、走访农户及干姜加工企业，在进行科学试验的基础上，从生物学特性、地理分布、生态适宜分布区域与适宜种植区域、种子种苗繁育、栽培技术、采收与产地加工技术、特色适宜技术、本草考证与道地沿革、药典标准、质量评价及现代研究与应用等方面对干姜进行概述，继承道地中药材干姜生产和产地加工技术，形成干姜优质标准化生产和产地加工技术规范，加大干姜生产加工适宜技术在各地区的推广应用。

在此首先衷心感谢丛书总主编中国中医科学院中药资源中心黄璐琦院士和各位专家，四川省中医药科学院领导对本书编写的大力支持；同时感谢为本书编写提供技术服务的专家们、干姜产区给予积极配合的农户和干姜加工企业们以及不辞辛劳参加编写的同仁们。

由于本书内容涉及面广，时间仓促、错误不妥之处在所难免，恳望广大读者提出宝贵意见，以便修订提高。

编者

2018年6月

目　录

第1章

概　述

干姜（Zingiberis Rhizoma）为姜科姜属植物姜（*Zingiber officinale* Rosc）的干燥根茎，又名干姜、白姜、均姜，为常用中药。干姜味辛、无毒、性热，入脾、胃、肺经，具有温中逐寒、回阳、通脉等功效，主治脾胃虚冷、肢冷脉微、头晕吐逆、水泻、血痢、脾寒疟疾、咳嗽上气、吐血不止、赤眼涩痛、牙痛、痈疽初起、瘰疬不收。历版《中国药典》均有收载。干姜的有效成分主要为挥发油及辣味成分（6-姜酚、4-姜酚、8-姜酚等），此外尚含二氢姜酚、六氢姜黄素及多种氨基酸等。干姜的挥发油具有祛风除湿、驱风止痛、温经通络，防治晕车、晕船等运动病及抗衰老等作用。辣味成分有姜辣素、姜烯酮、姜酮、姜酚等，其辣味成分具有抗氧化、抑制胃黏膜损伤、保肝利胆、镇痛解热以及抗衰老、抗肿瘤等作用。姜在我国两千多年以前已有种植，作为一种药食同源的植物，其历史久远。早在春秋时期的《论语·乡党》中就有孔子"不撤姜食，不多食"的记载。

干姜既是药品又是食品，姜在世界上许多国家的食品、化妆品及医药工业中均是一种重要的天然植物原料，姜酊、姜流浸膏为多个国家的药典所收载。姜的挥发油除作药用外，在国内外是很受欢迎的辛香香料，可普遍用于食品香料和化妆品香料；其辣味成分除药用外，在国内外均作食品的调味品。干姜国内外市场需求量大，世界年贸易量达数万吨。

干姜主产于四川的犍为、沐川，贵州的六盘水、长顺、兴仁等地。此外，广西、云南、浙江、山东、湖北、广东、陕西也产。四川犍为和沐川为古今干姜主产地，所产干姜品质最优，为道地药材，曾远销德国、日本、俄罗斯、中国香港等地。干姜生产是主产区广大农民脱贫致富奔小康的一个好项目，也是主产区农村经济增长的主要途径之一。

第2章

干姜药用资源

一、形态特质及分类检索

1. 植物学形态

姜，多年生草本植物，株高50～80cm，叶为互生，排成两列，无柄；叶舌长2～4mm；叶片披针形至线状披针形，长15～30cm，宽1.5～2.2cm，先端渐尖，基部狭，叶革鞘状抱茎，无毛。花葶自根茎中抽出，长15～25cm；穗状花序椭圆形，长4～5cm；苞片卵形，长约2.5cm，淡绿色，边缘淡黄色，先端有小尖头；花萼管长约1cm，具3短尖齿；花冠黄绿色，管长2～2.5cm，裂片3，披针形，长不及2cm，唇瓣的中间裂片长圆状倒卵开，较花冠裂片短，有紫色条纹和淡黄色斑点，两侧裂片卵形，黄绿色，具紫色边缘；雄蕊，暗紫色，花药长约9mm，药隔附属体包裹住花柱；子房3室，无毛，花柱，柱头近球形。蒴果，种子多数黑色，花期为8个月。

图2-1 生姜植物图　　　　图2-2 生姜花　　　　图2-3 姜鲜根茎

2. 分类检索

姜科（*Zingiberaceae*）为多年生（少有一年生）、陆生（少有附生）草本，通常具有芳香、匍匐或块状的根状茎，或有时根的末端膨大呈块状。地上茎高大或很矮或无，基部通常具鞘。叶基生或茎生，通常二行排列，少数螺旋状排列，叶片较大，通常为披针形或椭圆形，有多数致密、平行的羽状脉自中脉斜出，有叶柄或无，具有闭合或不闭合的叶鞘，叶鞘的顶端有明显的叶舌。花单生或组成穗状、总状或圆锥花序，生于具叶的茎上或单独由根茎发出，而生于花葶上；花两性（罕杂性，中国不产），通常二侧对称，具苞片；花被片6枚，2轮，外轮萼状，通常合生成管，一侧开裂及顶端齿裂，内轮花冠状，美丽而柔嫩，基部合生成管状，上部具3裂片，通常位于后方的一枚花被裂片较两侧的为大；退化雄蕊2或4枚，其中外轮的2枚称侧生退化雄蕊，呈花瓣状，齿状或不存在，内轮的2枚联合成一唇瓣，常十分显著而美丽，极稀无；发育雄蕊1枚，花丝具槽，花药2室，具药隔附属体或无；子房下位，3室，中轴胎座，或1室，侧膜胎座，稀基生胎座（中国不产）；胚珠通常多数，倒生或弯生；花柱1枚，丝状，通常经发育雄蕊花丝的槽中由花药室之间穿出，柱头漏斗状，具缘毛；子房顶部有2枚形状各式的蜜腺或无蜜腺而代之以陷入子房的隔膜腺。果为室背开裂或不规则开裂的蒴果，或肉质不开裂，呈浆果状；种子圆形或有棱角，有假种皮，胚直，胚乳丰富，白色，坚硬或粉状。

姜亚科（*Zingiberoide* K. Schum.）为叶二行排列，叶鞘通常上部张开；侧生退化雄蕊大或小，或不存在；子房顶部有各式各样的蜜腺；植物体有芳香味。

姜族（*Zingibereae*）为侧生退化雄蕊小或不存在（在姜属侧生退化雄蕊则与唇瓣相连合）；子房3室，中轴胎座。

姜属（*Zingiber* Boehm）为多年生草本；根茎块状，平生，分枝，具芳香；地上茎直立。叶二列，叶片披针形至椭圆形。穗状花序球果状，通常生于由根茎发出的总花梗上，或无总花梗，花序贴近地面，罕花序顶生于具叶的茎上；总花梗被鳞片状鞘；苞片绿色或其他颜色，覆瓦状排列，宿存，每一苞片内通常有花1朵（极稀多朵）；小苞片佛焰苞状；花萼管状，具3齿，通常一侧开裂；花冠管顶部常扩大，裂片中后方的一片常较大，内凹，直立，白色或淡黄色；侧生退化雄蕊常与唇瓣相连合，形成具有3裂片的唇瓣，罕无侧裂片，唇瓣外翻，全缘，微凹或短2裂，皱波状；花丝短，花药2室，药隔附属体延伸成长喙状，并包裹住花柱；子房3室；中轴胎座，胚珠多数，2列；花柱细弱，柱头近球形。蒴果3瓣裂或不整齐开裂，种皮薄；种子黑色，被假种皮。

姜（*Zingiber officinale* Rosc.）为株高0.5～1m；根茎肥厚，多分枝，有芳香及辛辣味。叶片披针形或线状披针形，长15～30cm，宽2～2.5cm，无毛，无

柄；叶舌膜质，长2～4mm。总花梗长达25cm；穗状花序球果状，长4～5cm；苞片卵形，长约2.5cm，淡绿色或边缘淡黄色，顶端有小尖头；花萼管长约1cm；花冠黄绿色，管长2～2.5cm，裂片披针形，长不及2cm；唇瓣中央裂片长圆状倒卵形，短于花冠裂片，有紫色条纹及淡黄色斑点，侧裂片卵形，长约6mm；雄蕊暗紫色，花药长约9mm；药隔附属体钻状，长约7mm。花期：秋季。

二、生物学特性

（一）对环境条件的要求

1. 温度

姜对温度反应敏感，属喜温暖性，不耐寒冷，也不耐霜冻。在不同的生长期对温度的要求也有所不同。种姜在16℃以上才能发芽，但发芽速度极慢，在22～25℃时姜芽最适宜（在此温度下，经过25天左右，幼芽可长成长1.5～1.8cm、粗1～1.4cm符合播种的肥壮芽）；在高温条件下，发芽虽然很快，但不健壮。在茎叶生长期，保持25～28℃较为适宜。在根茎旺盛生长期，因需要大量积累养分，要求保持一定的昼夜温差，白天温度为24～29℃，夜温17～18℃最适宜根茎分生。姜在15℃以下停止生长，达40℃时发芽仍无妨碍。但低于10℃以下，姜块容易腐烂。

2. 光照

姜是耐阴作物，不耐强日照，在高温及强光照射条件下，植株矮小，叶片发黄，生长不旺，叶片中的叶绿素减少，光合作用下降。若连阴多雨天气，光照不足，对姜苗的生长亦不利。姜根茎的形成，对日照长短要求不严格。因此，栽培时应搭阴棚或利用间作物适当遮阴，避免强烈阳光的照射。

3. 水分

姜为浅根作物，根系不发达而且主要分布在土壤表层，耐旱抗涝性能差，因此，对于水分的要求格外讲究。幼苗期虽然需水量小，但正值高温干旱季节，土壤及植株的蒸腾作用强，为保证幼苗健壮，应保障土壤湿润，切不可缺水。若苗期干旱，会严重抑制姜苗的生长，造成植株矮小，生长不旺，后期难以弥补。姜旺盛生长期，生长速度加快，生长量大，需要较多的水分，尤其是进入根茎膨大期，应及时补充水分，以促进根茎的迅速生长。同时，在雨季应做好排涝措施。在生长期间土壤过干或过湿对姜块的生长膨大均不利，不但影响大姜的产量与品质，而且容易引起发病腐烂。

4. 土壤

姜对土壤质地的要求不甚严格，适应性较广，不论在砂壤土、轻壤土、中壤土或重壤土都能正常生长，但以土层深厚、土质疏松、有机质丰富、通气排水良好的土壤栽培最为适宜。虽然姜对土壤质地要求不甚严格，但不同土质对姜的产量和品质却有一定的影响。沙性土一般透气性良好，春季地温提升较快，姜苗生长也快，根茎光洁美观，含水量较少，干物质较多，但由于土壤有机质含量较低，保水保肥性能稍差，往往产量较低；黏性土春季发苗较慢，但有机质比较丰富，保肥保水能力较强，肥效持久，根茎质地细嫩并含水量较高，产量较高。土壤pH值5～7的范围内，姜生长正常。pH值4以下或8以上，对姜地上茎叶的生长或地下根茎的生长，都有明显的影响。

5. 养分

姜在生长过程中，对钾肥的需要最多，氮肥次之，磷肥最少。除了吸收三元素以外，还需吸收钙、锌、硼等各种中、微量元素。据测定，在中等水肥条件下，每生产1000kg鲜姜，需吸收氮肥（N）10.4kg、磷肥（P_2O_5）2.64kg、钾肥（K_2O）13.58kg。

（二）姜的生长发育规律

姜为无性繁殖，播种所用种子就是根茎。姜的根茎无自然休眠期。收获之后，遇到适宜的环境即可发芽。姜的整个生长过程基本上是营养生长过程，因而其生长虽有明显的阶段性，但划分并不严格，根据生长特性和生长季节可分为发芽期、幼苗期、旺盛生长期、根茎休眠期四个时期。

1. 发芽期

从种姜上幼芽萌发至第一片姜叶展开为发芽期。发芽过程包括萌出、破

皮、鳞片发生、发根、幼苗形成等几部分。姜的发芽极慢，在一般条件下，从催芽到第一片叶展开约需50天。姜发芽期主要依靠种姜贮藏的养分发芽生长，因此，必须注意姜种的选择。

2. 幼苗期

从第一片展开到具有2个较大的侧枝，即俗称"三股杈"期，此期为幼苗期，需60～70天。这一时期，由完全依靠母体营养转到新株能够吸收和制造养分。以主茎和根系生长为主，生长缓慢，生长量较小。但该期是为后期产量形成基础的时期，在栽培管理上，应着重提高地温，促进发根，清除杂草，以培养壮苗。

3. 旺盛生长期

从第2侧枝形成到新姜采收为旺盛生长期。此期分枝大量发生，叶数剧增，叶面积迅速扩大，地下根状茎加速膨大，是药用部分形成的主要时期。此期需70～75天。前期以茎叶生长为主，后期以地下根状茎膨大为主。在栽培管理上，盛长前期应加强肥水管理，促进发棵，使之形成强大的光合系统，并保持较强的光合能力；盛长后期应促进养分的运输和积累，并注意防止茎叶早衰，结合浇水和追肥进行培土，为根茎快速膨大创造适宜的条件。

4. 根茎休眠期

姜不耐霜、不耐寒，北方天气寒冷，不能在露地生长，通常在霜期到来之前便收获贮藏，迫使根茎进入休眠。休眠期因贮藏条件不同而有较大差异，短者几十天，长者达几年。在贮藏过程中，要保持适宜的温度和湿度，既要防止温度过高，造成根茎发芽，消耗养分，又要防止温度过低，以防根茎遭受冻害。姜适宜的贮藏条件为11～15℃（5℃以下易受冻害，15℃以上姜发芽），相对湿度为75%～85%。

（三）根茎发育特性

种姜种植后抽出第一个茎，称为主茎，主茎基部迅速膨大形成第一个根茎，称二田姜、姜田。这个时期称为发芽出苗期。二田姜随着茎叶的增长不断长大，两侧腋芽抽出二个萌蘖，叶片随之舒展，茎部膨大形成根茎，称为子姜。这个时期为姜的幼苗期，以主茎和根系生长为主。进入幼苗期后，很快转入生长旺盛期，萌蘖迅速增加，叶面积急剧增大，根茎重量也猛增，是药用部分形成和生长的主要时期。这时子姜外侧的腋芽又抽出1～2个萌蘖，其茎基部膨大形成新根茎，叫第二次子姜，植株有茎4～5个。进入6～8月气温高的季节，第二次子姜外侧腋芽又抽生1～2个萌蘖，茎基膨大的新根茎，叫做第三次子姜。如此继续分生下去，形成到第五至第六子姜，茎增至10个以上，甚至20个以上。茎愈多，根茎也愈肥大，单株重就愈大，直至茎枯萎才停止。

三、地理分布

1. 姜的起源与分布

关于姜的起源，目前尚无确切定论，根据其分布和生物学特性可知，姜起源于热带雨林气候地区。目前国际公认的姜起源地是东南亚地区，但李璠认为中国的云贵高原及西部广大地区茂密的原始森林和广阔的草原是姜的原产地。赵德婉根据史料记载分析得出中国的黄河流域才是姜的原产地，因为那里栽培姜已有千年的历史，且古代黄河流域森林茂密，气候温暖湿润，有丰富的亚热带植物物种。赵德婉等运用拓扑学和考古学证据分析表明，姜目植物起源于亿年前的两瓦纳古陆（包括非洲地区），并在亿年前发生分支，随着亿年前印度洋的产生，印度大陆向北漂移过程中与劳亚古大陆相撞，使得一些姜目植物被带到东南亚地区，与那里已存在的姜品种共存下来。

2. 产区分布

我国大部分地区均有栽培，主产地为四川、贵州、云南、广西，此外，湖南、河南等省亦有栽培。目前仍以四川岷江流域的犍为、沐川为道地产区，其姜酚和挥发油含量较高。

3. 产区变迁

干姜始载于《神农本草经》，云："味辛，温。主胸满，咳逆上气，温中，止血，出汗，逐风湿痹，癖下痢。久服去臭气，通神明。生者尤良。"《名医别录》云："生犍为（今乐山市犍为县）川谷及荆州（今湖北荆州）、扬州（今江苏扬州），九月采之。"《吕氏春秋》亦有"和之美者，有阳朴之姜"的记载。《本草经集注》云："今惟出临海（今台州市临海县）、章安（今台州市椒江区），两三村解作之。"《千金翼方·药出州土》："泉州（今福建泉州）、益州（今四川成都）产干姜。"《新唐书·地理志》记载：干姜出杭州（今浙江杭州）、台州（今浙江台州）、襄州（今湖北襄阳）。《本草图经》载："以汉（今四川广汉）、温（今浙江温州）、池州（今安徽池州）者为良。并附图涪州（今重庆涪陵）姜，温州姜。"

李时珍在《本草纲目》推崇的是湖北均姜，云："今江西、襄、均（今湖北丹江口市）皆造，以白净结实者为良，故人呼为白姜，又曰均姜。"《本草崇原》云："今江西、浙江皆有，而三衢开化（今衢州开化）者佳。"曹炳章在《增订伪药条辨》云："干姜，湖南均姜出。小、双头内白色为均姜，最佳。浙江台州出者，为台姜，个小，肉黄黑色者次。其他江南、江西、宁国、四川皆出。"

如今，干姜产地回归到四川。《药材资料汇编》仍载"均姜"条，但是产地已经不再是均州了。云："四川犍为麻柳场、建版场、龙华场等处为主产地……品质优良。成都双流、温江、什邡、金堂等处所产叫"都姜"，色白多筋、品质较差，多数切白姜片。其他陕西汉中地区如城固、安康，亦产少量，以及广东、江苏、浙江、山东诸省都有出产（产台州者称台干姜）。"《中药材手册》："主产于四川犍为，湖北恩施、黄冈，广东新会、南海、番禹，广西、福建、贵州等地。此外，浙江、江西、河南、云南及山东等省亦产。"

统计以上历代干姜产地，按行政区域划分，历代本草记载的干姜传统优质产区集中在四川（包括犍为、汉州、涪州等地）、浙江（包括临海、章安、温州、杭州、台州、三衢开化等地）、湖北（含荆州、襄州、均州等）三省。其中品质一般以四川地区为佳，浙江干姜品质较次。湖北均姜在明清时期颇受推崇，但在现代已消失，不复种植；消失的干姜产地还有扬州、襄阳等。池州、荆州、温州等地种植的姜今为食用，不复药用。按自然地貌来看，中药干姜传统产区多集中分布在江河沿岸。其中，涪陵、荆州、池州、扬州分布在长江沿岸，丹江口和襄阳均分布在汉水沿岸，乐山市犍为县在岷江沿岸，台州、温州、泉州则靠近东海，杭州、开化则在富春江沿岸。

四、生态适宜分布区域与适宜种植区域

四川、贵州、广西、浙江、山东、湖北、广东、陕西等省气候温暖、湿润的亚热带气候均有栽培。这些地区均适宜其生长，四川犍为、沐川为最适宜区。

第3章

干姜栽培技术

一、繁育技术

（一）育种技术

1. 建立两级繁育制度

姜为无性繁殖作物，遗传性状较稳定。但随着姜区重茬次数的增多，以及种植面积的扩大，往往会引起品种混杂，病虫害发生严重。根据姜的繁殖特点，应建立两级繁育制度，即将姜繁殖分成繁殖原种与生产用种，分别采取不同的繁育措施，保证原种与生产种均有较高的质量。具体做法是：第1年用原种的第2代或上年大田株选良种建一级种子田，从其中再选优株供下年一级种子田用种，其余去杂去劣后，供下年二级种子田用种，二级种子田再经片选作为大田用种，如此逐年进行，不断生产高质量的种姜。

2. 原种生产

姜原种的纯度要求99%，等级一级，提供给生产上繁殖的二代原种，其纯度不低于97%，等级不低二级，其产量和品质应高于原生产用种，原种由选育单位供给的原种繁殖，所得到的原种第二、三代再繁殖后供生产上用。几年后，可能发生混杂退化，可采用母系提纯法生产原种，实行品种更新。母系提纯法的主要程序是单株选择、分系比较、中选优系混和繁殖，生产原种。注意，姜原种的选择应从根茎选起，因为姜块可带菌传播姜瘟病，只有从无病姜块选起，才能保证防除病害。

（1）姜种选择 种姜应选色泽鲜黄、有光泽、组织细密、无病无伤、无霉烂、无潮解发汗的姜块200块以上，入选种圃单行种植。

（2）单行选择 除按品种的标准性状进行选择外，主要注意抗姜瘟病及耐贮性的选择。首先在生长中期选株丛大，全行生长整齐，叶片肥厚、无萎蔫、无卷缩的姜行150行以上。生长后期再按上述标准复选100行以上。收获期选姜球无霉烂、无水浸状姜行的姜块入窖单贮。最后，在出窖催芽后选芽多而姜块完整的行系50个以上，入株系圃选种。

（3）行系比较 各行系分区种植，以原品种作对照，经比较鉴定，选出优良株系。

（4）混系繁育技术 将分系比较后当选的行系混藏，来年在原种圃繁殖生产原种。

3. 原种繁育技术

应选排灌方便、富含有机质的微酸性壤土、并实行3年以上的轮作田块作原种繁殖田。姜易感姜瘟病且种姜可能带菌。因此，繁育原种首先应进行种姜消毒。选晴天从姜窖中取出姜种，晒2～3天，以促进姜芽萌发，并清除在窖中变质的姜块，选取健壮种姜进行消毒处理，消毒药剂可选用40%甲醛液或0.5%高锰酸钾液浸泡30分钟，也可用20%草木灰液处理10～20分钟。播种和田间其

他管理技术同大田常规生产。

4. 姜良种繁育的注意事项

（1）防病保纯　在催芽、定植、移栽及收获过程中，应有专人管理，做好记录，严防混杂，特别是发现病姜后，应立即清除，以防传染。

（2）采用先进的农业技术　优良的栽培环境能使品种的特性得以充分表现。根据姜品种的特性，在轮作、选地、耕作、施肥、灌水以及田间管理环节上，要做到细致、及时，严防干旱、涝害、病虫害。

（3）增加繁育系数　姜用种量大，而繁殖系数较低，为提高繁殖系数，可采用小块播种、宽行稀植、节约用种、增加营养面积。

（二）组培育苗技术

采用茎尖培养进行姜的脱毒，并利用组培快繁技术进行育苗，有效防治病毒及姜瘟病，以提高种姜的产量和品质。

1. 茎尖培养脱毒

在种姜田中选取健壮无病虫害的姜块，埋在沙床中，在20～25℃条件下催芽。当芽长到1～2cm长时用刀片切取，经室内流水冲洗去掉沙土后，在超净工作台上用70%乙醇表面消毒30秒，再用0.1%升汞溶液浸泡消毒7分钟，无菌水冲洗4～5次，沥干水分后，在解剖镜下剥取0.1～0.3mm茎尖，接种到初代培养基中。初代培养以MS为基本培养基，每升培养基加3mg 6-BA、0.1mg NAA、

30g白糖、5.8g冷凝脂，pH值调至5.8。培养温度为23℃±2℃，每天光照14小时，光强2000lx。

2. 组培苗的增殖

待芽生长至3~5cm高，具有4~5片叶时，将幼苗上部叶片剪掉，保留根茎及约1cm长叶片，修剪后接种至MS+6-BA 0.4mg·L^{-1}+NAA 0.1mg·L^{-1}继代培养基中增殖。约30天将丛生芽取出，分割成单个小植株并再次修剪，继续接种至增殖培养基。

3. 组培苗的生根移栽

姜组培苗生根比较容易，但若直接移栽具备根系的丛生芽，则出现秧苗长势弱，根须过长难以萌发新根等情况，移栽不易成活，因此应转接至不添加细胞分裂素、低浓度生长素的复壮生根培养基中。最后一次转接应在移栽日期前35天左右进行，将组培苗修剪后接种至生根培养基：1/2MS+NAA 0.04mg·L^{-1}。约30天大部分组培苗已生根并健壮生长，可进行炼苗。炼苗最好在将要移栽的温室中进行。经过3~5天的开瓶炼苗之后，将幼苗从瓶中取出，洗净根部附着的培养基，移栽至经过消毒的沙床中。浇透水后，覆盖地膜保湿，并适当遮光。约15天后，白色新根萌发，可逐步去掉遮阳网及地膜。

4. 移栽后的管理

用脱毒组培苗生产的姜种即为原种。为确保种姜质量，不被病毒再次侵

染，组培苗的移栽应在防虫网室中进行，并进行病毒检测。移栽成活后，要注意控制温度和湿度，30天后可开始喷施营养液或复合肥溶液。严格控制病毒传播途径，在蚜虫等危害前，及时喷施药剂预防。

二、栽培技术

（一）选地和整地

1. 选地

（1）环境质量要求　在犍为、沐川等县及其周边地区选地，适宜海拔在300～800m，年平均气温＞16℃，年平均降雨量1000mm左右；应选含有机质较多、灌溉排水两便的壤土栽培，以沙壤土最好，土壤微酸至中性。土壤耕层厚度＞20cm。干姜不能连作，应合理轮作。

（2）土壤　应符合土壤质量GB15618二级标准。

（3）灌溉水　应符合农田灌溉水质量GB50842标准。

（4）空气　应符合空气质量GB3095二级标准。

2. 整地

早春深翻地40～50cm，然后每亩施农家肥2500～4000kg、过磷酸钙40～60kg、氯化钾10～20kg作基肥。再进行1～2次耕耙，除净杂草，耙细整平。四周开好排水沟。

（二）播种

1. 选种

选头年成熟、肥壮、芽多、鲜嫩苗壮、无病虫害、无机械损伤的姜作为种姜。

2. 切姜

取完整的种姜切块，每个姜块有1～2个粗壮芽眼，重量约50g。

3. 播种时间

春分至清明播种（3月下旬至4月上旬）。

4. 播种量

每亩播种200～250kg，行距48～50cm，株距14～19cm。

5. 播种方法

一般在播种前1～2小时浇透底水，然后将种姜在姜沟中按一定株距摆放，用平播法（将姜块水平放在沟内，使芽方向一致）或竖播法（姜芽一律向上）播种。每穴1块姜种，然后把姜种轻轻按入泥土中使姜芽与土面相平，用手从姜垄中下部扒些湿细土或厩肥盖住姜芽，再盖一层牛粪，浇上粪水以促进生根。

（三）田间管理

1. 补苗

出苗后发现缺苗的应及时用催芽的姜种补苗。

2. 中耕除草

苗出后进行第一次中耕，深3～4cm。以后每隔20天，进行第二次和第三次中耕除草，锄土可深至6～7cm。

3. 追肥

第一次在苗出齐中耕除草后；第二次在立夏之后；第三次在芒种后，每次每亩施腐熟粪水2500～3500kg；第四次在立秋之前，每亩先施花生饼肥100kg，后施腐熟粪水2000～2500kg。施后培土于植株周围，厚约5cm。

4. 排灌

根据土壤湿度及下雨情况，及时灌排水。

5. 遮阴

宜在出土后及时搭棚，棚上盖草，使田面呈现花影为宜。

6. 病虫害防治

（1）防治原则 贯彻"预防为主，综合防治"的植保方针。通过选育抗性品种培育壮苗、科学施肥、加强田间管理等措施，综合利用农业防治、物理防治、生物防治、配合科学合理的化学防治，将有害生物控制在允许范围内。农药使用应符合GB8321要求。

① 病害防治 主要针对姜瘟进行防治：一是选择抗病品种；二是实施轮作和土壤消毒；三是种姜消毒，下种前，将种姜晒1～2天后，用50%多菌灵500倍

稀释液浸种12小时或用1∶1∶500波尔多液浸种10小时或用福尔马林100倍液浸种6小时，然后堆闷6小时；切口蘸草木灰下种。四是早期发现病株及时拔出，集中烧毁，病穴用2%硫酸铜溶液或72%农用硫酸链霉素3000倍液浇灌，生长季用1∶1∶500波尔多液和20%叶枯宁1000倍液喷雾各1次，间隔10～15天。

② 虫害防治

玉米螟虫：用杀虫双700倍稀释液加敌百虫800倍稀释液，或用90%敌百虫200倍稀释液灌心。

姜凤蝶：幼虫发生初期用90%敌百虫800～1000倍稀释液喷杀，每5～7天1次，连续2～3次。

地老虎、蝼蛄等：用敌百虫于病穴周围浇灌预防。

三、采收与产地加工技术

（一）采收

1. 采收期

种植期约8个月，当年3月底播种，最适宜采收期为11月上中旬。

2. 采收方法

选择晴天采挖，割去地上叶苗，挖出整个地下部分，去掉茎叶，抖净泥沙。

（二）产地加工技术

1. 产地加工

数量多时用烘房干燥，数量少时可用普通小炕加热干燥。洗净后低温（一般以55℃为宜）烘干或烤至7～8成干，堆沤4～5天，再烘烤至全干后装入撞笼中，来回推送去掉粗皮，扬净即为干姜。

2. 包装

将检验合格的产品按不同商品规格分级包装。包装上应有明显标签，注明品名、规格、数量、产地、采收（初加工）时间、包装时间、生产单位等，并附有质量合格的标志信息。

3. 贮存

包装后，阴凉干燥环境贮存。不应与其他有毒、有害、易串味药材混合贮藏。仓库的地面、墙面用防潮木板隔离，通风口配备防虫、防鼠、防雨和防盗等设施。贮存期应注意防止虫蛀、霉变、破损等现象发生，做好定期检查养护。

第4章

干姜特色适宜技术

一、姜种的处理

于播种前30天左右，从窖内取出种姜，用清水冲洗，去掉姜块上的泥土，选用姜块肥大、丰满、皮色光亮、肉质新鲜不干缩、不腐烂、未受冻、质地硬、无病虫的健康姜块作种，严格淘汰姜块瘦弱干瘪、肉质变枯及发软的种姜，要求种姜块重达75g左右，每亩用种姜500kg左右。选晴天，上午八、九点钟，将精选好的姜种放在阳光充足的地上晾晒，晚上收进屋内，重复2～3次，使姜皮发白、发亮，种姜晒困结束。在晒困过程中，还应注意病症不明显的姜块，经晒困失水后，严格淘汰表皮干瘪皱缩，色泽灰暗的姜块，确保姜种质量。对精选、晒困后的姜种，用药肥素、姜瘟散、生姜宝、绿霸等农药200倍液进行浸种10分钟，起到杀菌灭菌作用，晾干后上炕催芽，催芽温度掌握在22～25℃，并掌握前高后低，20天后，待姜芽生长至0.5～1cm时，按姜芽大小分批播种。

二、科学配方施肥

姜的生长期长，需肥量大。根据姜生长期内的吸肥规律，应在施足基肥的基础上，重点追3次肥。首先施足基肥，于耕地时每亩用优质有机肥2000～3000kg，随即翻入土中，每亩配施施可丰复合肥30～40kg。第一次追肥可在苗高30cm左右，地上部有1～2个分枝时进行。此次追肥可促进幼苗的健壮生长，故称为"壮苗肥"。可每亩施施可丰复合肥10kg左右，开沟施入。第二次追肥在姜株有三股杈阶段进行，此期是植株生长的转折时期，称为"转折肥"或"大追肥"。这次追肥是丰产的关键肥，将肥效持久的完全肥料与速效化肥配合施用，亩施饼肥70～80kg另加施施可丰复合肥20～30kg。追肥时，拔除杂草，在姜苗的北侧距植株基部15～20cm处开沟施入，将土、肥混合再覆土封沟。当姜株有6～8个分枝时，此时正是根茎旺盛生长期，进行第三次追肥，这次追肥对地力较差的姜田尤为重要，因为追肥后可防止茎叶早衰，以保持较强的同化能力，使姜块迅速膨大。可每亩撒施施可丰复合肥10～20kg，随即浇水。

为保证姜苗顺利出苗，在播种前浇透底水的基础上，一般在出苗前不进行浇水，而要等到姜苗70%出土后再浇水。第一水若浇得太晚，姜苗受旱，芽头易干枯。夏季浇水以早晚为好，不要在中午浇水。同时，要注意雨后及时排水。立秋前后，姜进入旺盛生长期。需水量增多，此期4～5天浇一水，始终保持土壤的湿润状态。为保证姜收获后少黏泥土，便于贮存，可在收获前3～4天浇最后一水。施用分枝肥后，应根据姜的生长情况，及时进行分次培土2～3次，确保生姜不露出土面，促进姜块迅速生长。

三、姜的储藏技术

1. 姜的短期贮藏保鲜

如进行加工利用,需作短期贮藏保鲜。选室内背风处先在地面铺一层湿砂,然后将贮姜竖立密排在上面,每排一层盖5~6cm湿砂,如此可堆0.8~1m高,最上部盖湿砂10cm,然后覆盖塑料薄膜保湿。注意地面勿进水,前半月可不盖薄膜。

2. 姜的井窖贮藏

选择避风向阳的山坡地或丘陵地,向下挖井窖。口径60cm左右,深2~2.5m,下部直径1~1.3m,在井壁上每隔50cm,由上向下挖脚踏坑,在井下按120°角均匀向三个方面掘进,各挖掘一个顶部圆拱形的洞室,洞室高1.3m、直径1~1.2m,每室可贮藏姜块400~500kg。贮姜时剔除病、伤、烂姜,将姜块竖摆洞内,每排一层姜,撒盖5~6cm厚的清洁湿润细沙,湿度掌握以手握成团,落地散开为度。一直摆到高1m左右,然后用砖块和泥草封闭洞口。在井口搭雨棚防雨。进窖初期外界气温较高,姜块呼吸产热较多,井口须敞开通气散热。至气温降到0℃左右时,应封闭井口,当气温降到-5℃时,应用草把塞紧井口,上盖薄膜和草帘。气温转暖后要随时减少覆盖,使之通气。窖藏期间要定期检查,特别是入窖后半月内要检查,如有异常现象要及时翻窖。检查前点灯笼下放，如井下缺氧，则烛火熄灭。待通气后才可下井，以保证人的安全。

3. 姜的半地下室贮藏

在无山坡地，地下水位高，不能挖井窖的地方采用。选避风向阳的较高平地，挖深1~2m，以不见地下水为度，坑宽4.5m，长随需要贮姜数量而定，一般为10m左右，在坑四周砌墙，高2~2.5m，约有3/4在地下，1/4在地上。上盖屋顶，用芦苇、稻草隔热、保温，在室南边开门，下阶梯入室，中为走道，两边砌贮姜池，室南北两头地上部各开小窗两个，对应于两个贮姜池。天冷关闭，并在地上部四周围草帘保温；天暖拆除草帘，并开窗通风。在贮姜池四周围草帘，中间摆放姜块，芽头一律朝上，摆一层姜，加盖一层沙，堆高1~1.3m，上盖10cm湿沙，再盖草帘保温。在姜堆上、下层插放温度计，监测姜温。

无论采用哪种贮藏方法，前期窖温宜保持15~18℃，不能超过20℃；中后期以保持10℃左右为宜，相对湿度宜保持在80%~90%。在入窖后半月内须勤查温湿度的变化对姜块的影响，以后每月抽样检查一次，寒冷期须选晴天中午或午后下窖检查。

四、姜轮作制度

姜腐烂病为害很严重，其病菌可在土壤中存活2年以上，同时姜对土壤养分的吸收较多，若长期在一块地上种植，则土壤缺乏养分，地力得不到恢复和提高，姜的病害也会越来越严重。因而姜必须实行轮作。轮作栽培的作物、时间和方式，各地不尽相同，旱地多实行粮、棉、菜等轮作，水田进行水旱轮作，以3～5年为一周期最好。轮作方式如下：姜—小麦—水稻—绿肥（油菜）—水稻—大蒜；姜—油菜—水稻—萝卜（等菜）—水稻—蚕豆；姜—小麦—红苕—蔬菜—甘蔗；姜—麻—玉米—油菜—瓜类菜—绿肥；姜—闲置—茄果类菜—蒜薹—黄豆或玉米—青芹菜或花菜。

上述轮作制中，应注意各茬作物的前后衔接和地力的培养，避免土传病害的交互感染与传播。姜与油菜、棉花以及其他蔬菜等轮作，这些作物的落花、落叶等潜留在土中，能增加土壤有机质，较姜与禾本科作物轮作消耗地力较少，故能使姜生长好，产量高。

五、姜的收获

1. 收种姜

又称收娘姜。种姜发芽后，其营养物质并未完全消耗，也不腐烂，仍可回收上市，俗称"姜还是老的辣"就是这个道理。一般在苗高20～30cm、具5～6片叶时，即可采收。采收方法：先用小铲将种姜上的土挖开一些，用手指把姜株按住，不让姜株晃动，另一手用狭长的刀子或竹签把种姜挖出。注意尽量少挖土，少伤根。收后立即用土将挖穴填满拍实。回收的种姜比种植时约少20%。若已出现病菌侵染或多雨期则不宜收姜，否则伤口易引起姜瘟病侵染蔓延。

2. 收嫩姜

又叫收子姜。长江流域收嫩姜期适宜于白露前后开始。此期姜的幼嫩根茎已迅速膨大，水分多，组织柔嫩，宜于鲜食，调剂秋季蔬菜淡季，也可腌渍泡菜、酱菜等。也有提早于立秋开始收获的，但产量较低，采收愈早，产量愈低。通常先采病株上的新姜，但不耐贮藏，每次不能采收过多，以免腐烂。

3. 收老姜

在植株大部分茎叶开始枯黄，地下根状茎已充分老熟时采收。姜不耐霜冻，要防止采收过迟受冻，一般均在当地初霜前采收。要选晴天挖收，剪去地上部茎叶，不用晾晒就可贮藏，以免晒后表皮发皱。

六、姜芽的生产技术

1. 普通姜芽的生产

普通姜芽的生产技术与常规生姜栽培技术类似，但也有不同，主要应掌握以下几点：①要选用分枝多的密苗型品种，使姜的分枝多，成芽数也多，制作姜芽时可利用部分也多，便于多出产品；②采用较小姜块播种，降低投资，提高种姜利用率，而且较小姜块产生分枝数亦不会太少，不影响姜芽数；③增加

播种密度，增加单位面积上的株数，使单位面积上分枝数增多，成芽数亦多，有利于多生产姜芽；④栽培技术上注意加强管理，增施基肥，及早追肥浇水，促进姜提早分枝及生长，同时注意插好插密姜芽。

姜芽制作一般可在姜长足苗，根茎未充分膨大前开始，直至收获期都可以进行。具体方法是：采用筒形环刀套住姜芽（苗）向姜块中转刀切下姜芽（苗），制作成根茎直径1cm，长为2.5～5cm，根茎连同姜芽总长15cm的成形半成品，经过醋酸盐水腌制后即为成品。一般为三级：一级品根茎长3.5～5cm；二级品根茎长3～3.5cm；三级品根茎长2.5～3cm。

2. 软化姜芽的生产

软化姜芽的生产技术如下：软化姜芽是在没有光照条件下培育的新产品，它具有嫩、鲜、香、脆的特色，主要用于出口创汇，效益高。进行软化姜芽生产需重点抓好以下几个环节：①建好培育场地。可以利用空闲房屋、仓库、防空洞或大棚、中棚、日光温室等改建的培育室。场地内需配备育芽苗床、增温设备，建好通风散气口。苗床可用水泥板或砖砌成多层支架形式，可利用地下火道或电热线加温，在场所的一边或四周留通风散气口。②培育技术要配套。要选用肥壮、无病虫害的小姜块。催芽时将姜种堆起，高1m左右，喷适量水，盖细沙保温保湿，维持堆内温度25℃。待多数芽萌发但未生根之前选芽掰块，按芽大小分级育芽。然后在4～5cm厚沙床上排种，注意使芽排齐向上，然后上面盖5cm细沙。每亩用种为250～350kg。姜种上床后立即用喷壶喷水，湿透床土，在多数姜芽出土后喷第二次水。采姜芽前7～10天根据床土干湿情况喷适量的水。喷水保湿时可根据生长情况，在水中溶入少量氮磷钾速效肥喷施，浓度要小于1%。培育场所内保持80%～90%的湿度。在姜芽出土前后保持25～28℃床温，采苗前10天保持25℃床温。注意在出芽后特别是采芽前几天适当通风换气。③采收姜芽应及时。姜种上床45～50天，大部分芽苗长至30cm高时，即可采收。把姜块用工具起出然后把姜苗掰下，去掉芽苗上的须根，冲洗干净即可。超过30cm的芽苗可以切去顶芽。④适当进行加工处理。芽苗取下后，若根茎过粗，可用环形刀切去外围部分，根据根茎粗度进行分级，然后切去姜苗，使总长为15cm，然后放入乙酸盐水中进行腌制。腌制完成后，以10支为一单位捆好，装罐，倒入重新配制的乙酸盐水，密封，装箱后即可外销。

第5章

干姜药材质量评价

一、本草考证与道地沿革

（一）本草考证

1. 基原考证

干姜始载于《神农本草经》，列为中品，谓："味辛温，主治胸满，咳逆上气。温中止血、出汗、逐风湿痹、肠癖、下利，生者久服去臭气、通神明，生山谷。"《本草经集注》将姜独立为一项，将姜区分为干姜和姜并分别入药用。这种区分可能是由于干姜和姜在品质和功效上有某些差别。陶弘景曰："干姜今淮出临海、章安，数村解作之。蜀汉姜旧美，荆州有好姜，而不能作干者，凡作干姜法，水淹三日去皮置流水中六日，更刮去皮，然后晒干，置瓷缸中酿三日乃成。"《本草图经》云："姜，生犍为（今四川犍为县）山谷及荆州、扬州（今江苏扬州），今处处有之，以汉、温、池州（今四川成都、浙江温州、安徽贵池）者良，苗高二三尺，叶似箭竹叶而长，两两相对，苗青根黄，无花实。秋时采根。"《本草纲目》谓："姜宜原隰沙地。四月取母姜种之。五月生苗如初生嫩芦，而叶鞘阔如竹叶，对生，叶亦辛香。秋社前后新芽顿长，如列指状，采食无筋，谓之子姜。秋分后者采之，霜后则老矣。"《本草纲目拾遗》注意到姜本身的品质，将四川产干姜命名为"川姜"并指出："出川中，屈曲如枯枝，味最辛辣，绝不类姜形，亦可入食料。"由以上记载可知古今姜的原植物一致，现代使用的干姜与历代本草记载一致，均为姜科植物姜（*Zingiber officinale* Rosc.）的干燥根茎。

2. 品种考证

姜是我国传统的食用蔬菜。《论语·乡党》即有"（孔子）不撤姜食"的记载。陶弘景云："今人唤诸辛辣物，惟此最常。"由于既可药用又可食用的双重用途，促进了姜的广泛栽培。《齐民要术》中详细记载了选地及耕种技巧。贾思勰云："中国土不宜姜，仅可存活，势不滋息……姜宜白沙地，少与粪和。熟耕如麻地，不厌熟，纵横七遍尤善。"由于姜在我国南方地方广泛栽培，各产地土壤与气候的差异，使得各地栽培姜出现了品种分化现象。

（1）药用与食用分化　由于既可药用又可食用的两面性，在各地的种植过程中，出现了有些可作药用干姜，有些仅供食用。干姜的制作是对姜材质的考验，"以水淹姜三日，去皮，又置流水中六日，更刮去皮，然后曝之，令干，酿于瓮中，三日乃成也"。由于各地种植的差异性，即出现古人所言：有宜作干姜者，有不宜制作干姜者。首次提到这种差异的是《本草经集注》。陶弘景云："荆州有好姜，而并不能作干者。"说明当时姜已经出现了分化。这种不宜作干姜者，仅作为姜食用。

姜最早是在我国南部地区栽培的，自明代开始，姜的种植由南方长江流域向北方扩展；受土壤、光照、温度、湿度、降水等诸多因素的影响，加之人工选育，在长期的适应过程中，不同种植地的姜，其形态品质产生了差异，甚至是迥异。南方（如四川、湖南等地）之姜，由于气候炎热、光照充足、生长期长，一般于冬至时采收（如提前采收则根实鲜嫩，晒干易瘪，不宜做干姜入药，一般用于食用或育种）。其外观特征为：根茎瘦小，粉性强，辣味浓烈，水分较少，适合药用，习称"药姜"。北方（如山东、河南等地）之姜，由于气候较为寒冷，霜冻期早，生长期短，一般于立秋前后采收（采收过晚则易被冻坏而不易保存）。其外观特征为：根茎肥大，粉性弱，辣味淡薄，水分较多。故北方之姜根茎晒干易瘪而不饱满，不宜于加工干姜，以食用为主，或以生姜入药，习称"菜姜"。

现今全国姜的产区中，药用干姜和食用姜分化较为明确。其中药用干姜的主产区为四川的犍为、沐川、荣县、宜宾，贵州兴义、兴仁、安顺等地，多为粉干姜，亦有干姜片；而云南的文山，陕西的汉中、城固，浙江临海等地已有出产，多加工为干姜片。现今食用姜主产于山东安丘、昌邑、莱芜、沂水、济宁、平度、平邑、龙口等地；四川乐山沐川，贵州兴义、遵义，安徽铜陵、宣城、池州，云南文山、罗平，湖北来凤、恩施，湖南隆回，河北唐山，辽宁绥中，河南博爱，广西玉林，江西兴国等地亦有种植。关于姜入药的南北差异，古人在很早之前就已有所认识，明代《本草蒙筌》一书中即有"北干姜不热，北生姜不润"的记载。现代有学者研究发现川产干姜的挥发油含量为1%～2%，而北京市售生姜仅为0.2%～0.4%。

（2）黄姜与白姜分化　各地区广泛地长期栽培，也出现了断面颜色的不同，有黄、白之分。传统认为以色白、少筋者为佳。李时珍云："以白净结实者为良，故人呼为白姜。"《本草原始》云："汉州干姜，白净结实，俗呼马均姜，入药最良。他处干姜，皮色黑，黄肉，不结实，市卖通是此类。"《药物出产辨》载："干姜，以四川为最，白肉。广东六步次之，黄肉。钦廉、北海、广西均有出，又次之，均黄肉。"《药材资料汇编》云："（四川犍为）皮细肉白多粉质，品质优良。（成都双流等地）色白多筋，品质较差。"曹炳章云："浙江台州出者，为台姜，个小，肉黄黑色者次。其他江南、江西、宁国、四川皆出，总要个大坚实、内肉色白为佳。"依据各地区留存的传统栽培品种分析，四川、贵州、重庆等地所产干姜多为白姜类型；浙江、云南、陕西等地所产干姜多为黄姜类型。现今山东、湖北、广西、江西等省所种植的食用姜多为黄姜类型。

（3）多筋与少筋分化　各地栽培过程中，亦出现了"多筋""少筋"的差异。不管食用或药用，均认为少筋者佳。所谓筋，即为。"多筋""少筋"常与"肉厚""饱满""瘦瘪"等描述关联密切。一般情况下，多筋者多瘦瘪，少筋者多肉厚饱满。现今市售干姜药材有干姜（一名粉干姜）、干姜片（一名柴干姜）两种，均为四川、贵州等地白姜加工而成，二者药材区别显著。干姜饱满、肉厚、坚实、少筋、粉性足；干姜片瘦瘪、绵软、多筋、显柴性、略具粉性。在铜陵（宋明时期属池州府）姜调查中发现，铜陵白姜以大院姜最为有名，显著特点为肉质细腻、少筋，嚼无渣滓。这种优质姜产地仅局限在佘家大院方圆几十亩的种植面积，与之邻近村镇种植的姜即多筋、嚼有渣滓。

姜的种植，在历史上出现三种类型的品种分化，往往交叉出现。在全国广泛栽培的今天，以及现代的品种选育技术，食用姜形成了更多的栽培品种。出现了名。为肉姜、肥姜、红姜、片姜、绵姜、火姜等新品种。

3."干姜"的定义考证

姜，《说文解字》中作"薑"。许慎释云："御湿之菜也，从艸，彊声。"《五十二病方》写作"薑""薑""彊""畺""橿"，其后则多省写作"薑"，《武威医简》亦作"薑"，晚近简写为"姜"。"薑"之得名，王安石《字说》云："薑，彊我者也，于毒邪臭腥寒热皆足以御之。"又"薑能御百邪，故谓之薑。"其说或有未妥，薑本字疑当写为"畺"，《说文》原义："畺，界也。从田，三其界画也。"此则借用指代植物薑，盖像其根茎肥大骈连若指掌之形也。

古者姜桂滋味辛烈，多作烹饪调剂之用，《论语·乡党》谓孔子"不撤姜食，不多食"，《礼记·檀弓》"丧有疾，食肉饮酒，必有草木之滋焉，以为姜桂之谓也。"郑注："增以香味。"《吕氏春秋·本味》云："和之美者，杨朴之姜，招摇之桂。"食用以外，姜亦作药用，《灵枢·寿夭刚柔》以淳酒、蜀椒、干姜、桂心四物作药熨，马王堆医书用姜处甚多，《本草经》列为中品，此后历代本草皆有记载，《本草图经》描述其植物形态："苗高二三尺，叶似箭竹叶而长，两两相对，苗青根黄，无花实。"《本草纲目》谓："姜宜原隰沙地，四月取母姜种之，五月生苗如初生嫩芦，而叶鞘阔如竹叶，对生，叶亦辛香，秋社前后新芽顿长，如列指状，采食无筋，谓之子姜，秋分后者次之，霜后则老矣。"据《证类本草》所画涪州姜、温州姜，其原植物为 *Zingiber officinale*，古今皆无变化。

姜用其根茎，现代按采用部位、干燥程度、加工方法的不同，大致分嫩姜、姜、干姜三类：①嫩姜，为姜的嫩芽，主要用作蔬茹，又称仔姜、紫姜、茈姜、姜芽；②姜，为姜的新鲜根茎，烹饪、入药皆用之，又称菜姜、母姜、老姜；③干姜，为姜根茎的干燥品，药用为主，可进一步加工为姜炭、炮姜。姜无论作药用食用，古今品种虽无变化，但具体药材规格，尤其对"干姜"的定义，则颇有不同，简论如下。

（1）早期文献中"干姜"或是"乾姜"之意　姜在秦汉医方中为常用之品，据马继兴先生《马王堆古医书考》整理统计，马王堆医书用"姜"约15处，径称"姜"8处，"干姜"6处，"枯姜"1处。其中"枯姜"理解为干燥脱水的姜应该没有问题，但此"枯姜"与其他各处出现的"干姜"是否一

物？"干姜"与"姜"是何关系？更令人费解的是，东汉初《武威医简》亦多处用姜，则皆不加区分地称"姜"，这究竟指哪种姜，不得而知。东汉末《伤寒杂病论》用姜处更多，用"干姜""姜"者各有50余方，"姜"或无歧意，但"干姜"究竟是何物，尚需斟酌。

秦汉方士颇看重姜的神奇效用，不仅《本草经》说姜"久服去臭气，通神明"，在纬书中亦有各种记载，如《春秋运斗枢》云："旋星散为姜，失德逆时，则姜有翼，辛而不臭也。"又《孝经援神契》云："椒姜御湿，菖蒲益聪，巨胜延年，威喜辟兵。"姜常与椒并用，此即《孝经援神契》所说"椒姜御湿"，最可注意的是早期道经《太上灵宝五符序》卷中对椒、姜的论述："老君曰：椒生蜀汉，含气太阴。天地俱生，变化陆沉。故能御湿，邪不敢侵。唉鬼蛊毒，靡有不禁。子能常服，所欲恣心。世之秘奥，其道甚深。坚藏勿泄，不用万金。"又老君曰："姜生太阳，与椒同乡。俱出善土，窈窕山间。坚固不动，以依水泉。含气荧惑，守土本根。背阴向阳，与世常存。故能辟湿，却寒就温。除邪斩疾，闭塞鬼门。子能常服，寿若乾坤。"在这两段文字中，椒被看作太阴所化，姜则是太阳所生，太阳为乾，故疑古所称"干（乾）姜"，其实是"乾（qián）姜"。乾姜的作法：将秦汉方书中的"干姜"考释为"乾（qián）姜"，重要证据乃在于"乾姜"其实并不是姜的直接干燥品，而别有一套制作工艺，陶弘景说："乾姜今惟出临海、章安，两三村解作之。蜀汉姜旧美，荆州有好姜，而并不能作乾者。凡作乾姜法，水淹三日毕，去皮置流水中六日，更刮去皮，然后晒干，置瓮缸中，谓之酿也。"就工艺本身而言，的确不是简单的干燥，这种"乾姜"的作法，直到宋代依然存在，《本草图经》载汉州乾姜法云："以水淹姜三日，去皮，又置流水中六日，更刮去皮，然后曝之令干，酿于瓮中，三日乃成也。"李石《续博物志》卷六作乾姜法略同："水淹三日毕，置流水中六日，更去皮，然后曝干，入瓮瓶，谓之酿也。"这种"乾姜"的作法甚至流传外邦，日稻田宣义《炮炙全书》卷二有造乾姜法，其略云："以母姜水浸三日，去皮，又置流水中六日，更刮去皮，然后晒干，置瓷缸中酿三日乃成也。"

（2）干生姜　毕竟"乾姜"的作法太过繁琐，商家不免偷工省料。《炮炙全书》造乾姜法中专门告诫说："药肆中以母姜略煮过，然后暴之令干，名之乾姜售，非是。"而事实上，将姜稍加处理后曝干充作"乾姜"的情况，宋代已然，《本草图经》说："秋采根，于长流水洗过，日晒为干姜。"在苏颂看来，这种"乾姜"的作法与前引"汉州乾姜法"并行不悖。

但宋代医家似乎也注意到这两种作法的"乾姜"药效有所不同，于是在处方中出现"干姜"这一特殊名词，如《妇人良方》卷十二引《博济方》醒脾饮子，原方用"乾姜"，其后有论云："后人去橘皮，以干姜代乾姜，治老人气虚大便秘，少津液，引饮，有奇效。"宋元之际用"干姜"的处方甚多，不烦例

举，《汤液本草》则对以干姜代替"乾姜"专有解释："姜屑比之干姜不热，比之姜不润，以干姜代干姜者，以其不僭故也。"这里所说的"干姜"，正是姜的干燥品，亦即今用之"干姜"。

明代《本草纲目》在姜条后虽然附载"干姜"，但语焉不详，乾姜条说："以母姜造之。今江西、襄、均皆造，以白净结实者为良，故人呼为白姜，又曰均姜。凡入药并宜炮用。"这样的记载看不出"乾姜"的来历。相反年代稍晚的《本草乘雅半偈》论"干姜"与"乾姜"的制作，最不失二者本意："社前后新芽顿长，如列指状，一种可生百指，皆分岐而上，即宜取出种姜，否则子母俱败。秋分采芽，柔嫩可口，霜后则老而多筋，干之，即曰干姜。乾姜者，即所取姜种，水淹三日，去皮，放置流水中漂浸六日，更刮去皮，然后晒干，入瓷缸中，覆酿三日乃成，以白净结实者为良，故人呼为白姜，入药则宜炮用。"

（3）干姜 大约从清代开始，医家药肆逐渐忘记"乾姜"的本意，原来繁琐的"乾姜"制作工艺逐渐淘汰，宋元尚被称为"干姜"的药材，成为"乾姜"的主要来源，名字也变成了"干姜"。《本草崇原》云："干姜用母姜晒干，以肉厚而白净、结实明亮如天麻者为良，故又名白姜。"这与此前卢之颐以乾姜为白姜的说法截然不同，同时期的《本草求真》《本草从新》《本草思辨录》《得配本草》等诸家本草皆用"母姜晒干为干姜"之说，这也是今天药用干姜的标准制法。

3. 道地性考证

最早记载干姜和生姜的《名医别录》曰："生姜、干姜生犍为川谷……九月采之。"《神农本草经》将干姜列为中品。梁·陶弘景《本草经集注》记载了川姜（干姜）的炮制方法，曰："蜀汉姜旧美，荆州有好姜，而不能作干者，凡作干姜法：水淹三日去皮置流水中六日，更刮去皮，然后晒干，置瓷缸中酿三日，乃成。"世界上第一部药典著作《新修本草》记载"干姜，……生犍为川谷……九月采。"宋·《本草图经》记载："生姜，生犍为（今四川犍为县）山谷及荆州、扬州（今江苏扬州），今处处有之，以汉、温、池州（今四川成都、浙江温州、安徽贵池）者良，苗高二三尺……秋时采根。"宋·唐慎微《证类本草》描绘了干姜药材图和涪州生姜原植物图。清·赵学敏《本草纲目拾遗》曰"出川中，……味最辛辣……"，记载了不同产地干姜质量差异，并将川产干姜名曰"川姜"。清嘉庆十九年《犍为县志》记载了干姜。因此，综合历代本草记载的姜的植物形态、原植物图、药材图及加工方法，历代干姜与现代应用的干姜来源一致，主产地均为四川犍为，犍为种姜历史悠久，距今已有1700多年的历史，四川犍为自古以来就是道地产区。

4. 功效考证

张元素：干姜本辛，炮之稍苦，故止而不移，所以能治里寒，非若附子行

而不止也。理中汤用之者，以其回阳也。

李杲：干姜，生辛炮苦，阳也，生用逐寒邪而发表，炮则除胃冷而守中，多用之耗散元气，辛以散之，是壮火食气故也，须以生甘草缓之。辛热以散里寒，同五味子用以温肺，同人参用以温胃也。干姜，入肺中利肺气，入肾中燥下湿，入肝经引血药生血，同补阴药亦能引血药入气分生血，故血虚发热、产后大热者，用之。止唾血、痢血，须炒黑用之。有血脱色白而夭不泽，脉濡者，此大寒也，宜干姜之辛温以益血，大热以温经。

《本草纲目》：干姜，能引血药入血分、气药入气分。又能去恶养新，有阳生阴长之意，故血虚者用之。凡人吐血、衄血、下血，有阴无阳者，亦宜用之，乃热因热用，从治之法也。

《本草经疏》：炮姜，辛可散邪理结，温可除寒通气，故主胸满咳逆上气，温中出汗，逐风湿痹，下痢因于寒冷，止腹痛。其言止血者，盖血虚则发热，热则血妄行，干姜炒黑，能引诸补血药入阴分，血得补则阴生而热退，血不妄行矣。治肠癖，亦其义也。

《本草正》：下元虚冷，而为腹疼泻痢，专宜温补者，当以干姜炒黄用之。若产后虚热，虚火盛而唾血、痢血者，炒焦用之。若炒至黑炭，已失姜性矣。其亦用以止血者，用其黑涩之性已耳。若阴盛格阳、火不归元及阳虚不能摄血，而为吐血、衄血、下血者，但宜炒熟留性用之，最为止血之要药。

《药品化义》：干姜干久，体质收束，气则走泄，味则含蓄，比姜辛热过之，所以止而不行，专散里寒。如腹痛身凉作泻，完谷不化，配以甘草，取辛甘合化为阳之义。入五积散，助散标寒，治小腹冷痛；入理中汤定寒霍乱，止大便溏泻；助附子以通经寒，大有回阳之力；君参术以温中气，更有反本之功。姜主散，干姜主守，一物大相迥别。……炮姜，退虚热。

《本草崇原》：《神农本草经》只有姜、干姜，而无炮姜，后人以干姜炮黑，谓之炮姜。

《金匮要略》：治肺痿用甘草干姜汤，其干姜亦炮：是炮姜之用，仲祖其先之矣。姜味本辛，炮过是辛味稍减，主治产后血虚身热，及里寒吐血、衄血、便血之证。若炮制太过，本质不存，谓之姜炭，其味微苦不辛，其质轻浮不实，又不及炮姜之功能矣。即用炮姜，亦必须三衢开化之母姜，始为有力。

《本草求真》：干姜，大热无毒，守而不走，凡胃中虚冷，元阳欲绝，合以附子同投，则能回阳立效，故书有附子无姜不热之句，仲景四逆、白通、姜附汤皆用之。且同五味则能通肺气而治寒嗽，同白术则能燥湿而补脾，同归芍则能入气而生血……

《本经》：主胸满咳逆上气，温中，止血，出汗，逐风湿痹，肠癖下痢。生者尤良。

《别录》：治寒冷腹痛，中恶、霍乱、胀满，风邪诸毒，皮肤间结气，止

唾血。

《药性论》：治腰肾中疼冷，冷气，破血，去风，通四肢关节，开五脏六腑，去风毒冷痹，夜多小便。治嗽，主温中，霍乱不止，腹痛，消胀满冷痢，治血闭。病人虚而冷，宜加用之。

《唐本草》：治风，下气，止血，宣诸络脉，微汗。

《日华子本草》：消痰下气，治转筋吐泻，腹脏冷，反胃干呕，瘀血扑损，止鼻洪，解冷热毒，开胃，消宿食。

《医学启源》：《主治秘要》云，通心气，助阳，去脏腑沉寒，发诸经之寒气，治感寒腹痛。

王好古：主心下寒痞，目睛久赤。经炮则温脾燥胃。

《医学入门》：炮姜，温脾胃，治里寒水泄，下痢肠癖，久疟，霍乱，心腹冷痛胀满，止鼻衄，唾血，血痢，崩漏。

《长沙药解》：燥湿温中，行郁降浊，下冲逆，平咳嗽，提脱陷，止滑泄。

2015年版《中国药典》中干姜味辛，热，归脾、胃、肾、心、肺经，具有温中散寒，回阳通脉，温肺化饮的功效，主治脘腹冷痛，呕吐泄泻，肢冷脉微，寒饮喘咳。

5. 炮制考证

（1）炮制方法考证　干姜的炮制方法最早在《灵枢经》中有以酒渍干姜的

记载，以后历代都对姜的炮制和应用有一定的发展。汉《金匮要略方论》记载
"炮"；唐《外台秘要》增加"炒"；宋代苏颂在《本草图经》记载："秋采根，
于长流水洗过，日晒为干姜"，该法与今天药用干姜的净、切制法基本相同；
金元《药性赋》记载："干姜生则味辛，炮则味苦。可升可降，阳也"……炮
姜则最早记载于汉代《伤寒论》；明代缪希雍在《炮制大法》中指出干姜的应
用："若产后血虚发热及止血俱炒黑，温中炮用，散寒邪理肺气止呕生用。宋
代《太平圣惠方》中所载干姜除"炮"外，又出一"炮炭"即姜炭，故此多认
为姜炭从宋代开始用于临床的，但没见其炮制方法的记载。

关于干姜的炮制方法，各家本草记载略有出入。但有一点是相同的，就是
"日曝晒"。其他的步骤主要有两点值得讨论：其一，去皮与否。《名医别录》中
即有"水淹三日，去皮置流水中六日，更刮去皮，然后晒干，置瓷缸中酿三日，
乃成"的记载。我们知道，生姜皮性味辛、凉，主和脾行水。明代《本草蒙筌》
一书中即有"去皮热，留皮凉"的记载。因此，生姜皮与生姜之辛温之性不和，
更与干姜辛热之性不容，当别为两药，在生姜和干姜入药时，宜去皮为佳。现
代药理学研究发现，在所有的姜的炮制品中，生姜皮中的挥发油含量最低，这
也能说明去皮与否的问题。其二，水泡与否。《名医别录》《图经本草》等药学
著作都有生姜水泡后日晒为干姜的记载，有些医药学著作将这一步骤称为"水
酿"。从中医药学理论来讲，通过水泡，可以减弱姜的辛温之性，使解表力减

弱，功专和中。但是，这一步骤是否必须，尚有待于进一步探讨。

（2）炮制沿革　①净制　干姜的净制始于《本草经集注》："水淹三日，去皮，置流水中六日，更刮去皮，然后晒干，置瓷缸中酿三日，乃成"，并解释了去皮的理由，曰："去皮热，留皮凉。"之后，宋代《圣济总录》曰："刮净"；《全生指迷》曰："去皮"；宋苏颂曰："采根于长流水洗过，日晒为干姜"，基本上沿用上辈的净制方法。金元时期，干姜的净制基本上与宋代一致，如许浚《东医宝鉴》曰："水洗"，但也有了进一步的发展，元代医家李东垣的一段话可以充分说明"干姜辛大热，治沉寒痼冷，肾中无阳……干生姜，辛大温，主伤寒头痛，鼻塞上气，止呕吐，治痰嗽，与生者并相同"，姜的根茎需进一步净制，除去子根，留母根制成干姜。明代净制方法也不断的完善，明《本草纲目》曰："干姜用母姜，晒干，水淹三日，去皮，置流水中六日，更刮去皮，然后晒干。"清代沿用明代的净制方法，关于去皮，去子根的记载本草如，清《本草备要》《本草从新》《本草求真》曰："母姜晒干者为干姜"；《本草崇原集说》曰："干姜用母姜晒干"等，历代运用干姜皆为"去皮"，元代以后有添加"去子根"。

②切制　干姜的切制始载于《内经》："㕮咀"；唐代《外台秘要》曰："切干姜如大豆"，历代记载文献不多，之后宋代《传信适用方》曰："姜挫成指面大"；《博济方》曰："洗净，细切作片子，日晒干"；元代《世医得效方》曰："切

作片子。"历代干姜的切制方法较一致，沿用至今。现代干姜的切制方法为除去杂质，略泡或不润泡，洗净，润透，切厚片或块，干燥。

③炮制　干姜始载于汉《神农本草经》，列为中品。稍后的汉《金匮要略方论》首先提出"炮"的炮制方法，以后的医药书籍中多数记述有干姜各种不同的炮制方法，主要集中在炒法和炮法。宋代是干姜运用最灵活的时期。宋代沿用前人的"炮"，如《本草衍义》，还提出了炮的不同要求，如《太平惠民和剂局方》曰："凡使先须炮令裂，方可入药"，《卫生家宝产科备要》曰："炮去湿气"；在炒法上，《苏沈良方》有前人相同的记载，同时也有一些书提到了炒法的不同要求，如《重修政和经史证类备用本草》《产育宝庆集》曰："炒令黑色"，《小儿卫生总微论方》曰："微炒"，《传信适用方》曰："炒黄黑"。到了明代，炮制技术有了较大的进步。《先醒斋医学广笔记》总结了前人的炒法，提出了"微炒，炒黑"，炒法如《普济方》曰："灰炒"，《景岳全书》曰："炒焦""炒熟存性"；《医学纲目》也在"煅灰用"的基础上，提出了"煅存性"。到了清代，炮制的技术和品种的运用较为普遍，沿用的明代的炮制理论也相当完善，在结合前人的经验的基础上，结合自身的应用实践，有了一定的进步。首先在干姜炒黄、炒黑操作进行区分的同时，着重炒黄、炒黑的不同应用，《幼幼集成》中提到"略炒用，勿令焦黑"，《得配本草》《本草正义》中提到"炒炭"，《本草求真》载"炒黑为黑姜，炒炮为炮姜"，在炮法上，《本草备要》《本草从

新》均载"干姜炮黑为黑姜",《本草逢原》曰："炮法，厚切，铁锅内烈火烧，勿频动，等锅面燃略以水急挑数转，入坛中勿泄气，等冷，则里外通黑，而性不烈也。"现代对姜的炮制基本上沿用古代的炮制方法，历版《中华人民共和国药典》收载的炮制品大体相同。目前，收载在药典上姜的炮制加工品有干姜（不去皮，全根茎）、炮姜、姜炭。

6. 入药历史考证

姜在我国两千多年以前已有种植，作为一种食料，历史久远，早在春秋时期《论语·乡党》中记载孔子"不撤姜食，不多食"。战国时期《吕氏春秋》亦有"和之美者有杨朴（西蜀）之美"的记载。在马王堆西汉古墓出土的文物中亦发现有姜、桂皮、花椒等。《管子·地员》篇即有"群药安生，姜与桔梗、小辛、大蒙"的记载。现存最早记载以姜为方的书籍当推西汉时期的《黄帝内经》一书。《灵枢·寿夭刚柔》载："黄帝曰：药熨奈何?伯高答曰：用淳酒十斤，蜀椒一斤，干姜一斤，桂心一斤，凡四种，皆㕮咀，渍酒中。"至东汉《神农本草经》（以下简称《本经》），将干姜作为药味载入，列为中品，并详细记载其性味主治："干姜，味辛，温。主胸满，咳逆上气，温中止血，出汗，逐风湿痹，肠澼下利。生者尤良，久服去臭气，通神明。生川谷。"由以上记载可以看出，在《本经》之前，亦即东汉以前及东汉早期，医家对干姜、生姜不分，混称为"干姜"。干姜可以说是姜的一个别名，理由有二：一是《内经》

只记干姜而无生姜，而《本经》在干姜条下有"生者尤良"的记载，可见，《本经》所指之干姜即为今之姜，唯未加工之生品药性较好而已；二是从《本经》所载干姜之功效来看，"胸满，咳逆上气""出汗"当是生姜之功用，而"温中止血""逐风湿痹、肠澼下痢"当为干姜之功效，《本经》将它混列于干姜条下，可见干姜即为姜之别名。

真正将二者区分加以应用的是东汉末年的《伤寒杂病论》，该书在"生姜半夏汤方""橘皮汤"等方中明确用生姜或其汁液，而在治肺痿的"甘草干姜汤"中用干姜。至梁代，陶弘景《名医别录》将生姜作为单独一味药物列入，并详细记载了它的功效主治："归五脏，除风邪寒热，伤寒头痛鼻塞，咳逆上气，止呕吐，去痰下气。"至此，生姜、干姜作为两种不同的药物已从药理上作了严格的区分。后世医家又对一些具体问题加以研究和分析。

据以上分析，我们可以发现，干姜入药，大体可分为三个时期：东汉《本经》以前，生姜、干姜效用不分，干姜是作为姜的一个别名；东汉末至明代《本草纲目》刊行之前，生姜晒干做干姜入药，细分又有去皮与不去皮之别；明代《本草纲目》刊行之后，包括整个清代，各家本草多受其影响，即认为"干姜以母姜造之"。

（二）道地沿革

姜作为经济作物，栽种历史悠久，《史记·货殖列传》谓"千畦姜韭，此

其人与千户侯等。"秦汉时期四川是姜的主要产地，前引《吕氏春秋》"杨朴之

姜"，据高诱注杨朴地在蜀郡，《本草经》亦言"生犍为川谷"，即今四川犍为县。

在此时期道仙家著作中蜀郡所出的姜也充满了传奇性，不仅《太上灵宝五符序》

说姜与椒皆出蜀地，《后汉书·方术列传》言曹操使左慈取松江鲈鱼，又取蜀中

姜，又《神仙传》卷九记载介象为孙权入蜀买姜。李商隐诗"越桂留烹张翰鲙，

蜀姜供煮陆机莼"，即咏赞蜀川之姜。

魏晋以后，姜亦出荆州、扬州，载见《名医别录》，其后南北分治，陶

弘景偏重临海、章安之姜，专门说："乾姜今惟出临海、章安，两三村解作

之。蜀汉姜旧美，荆州有好姜，而并不能作乾者。"临海、章安在今浙江台

州，据《南齐书·孔琇之传》"（琇之）出为临海太守，在任清约，罢郡还，献

干姜二十斤，世祖嫌少，及知琇之清，乃叹息。"乃知浙江出姜渊源于此。而

在北方，当时亦有栽种，但质量不高，主要供北朝药用，《齐民要术·种姜第

二十七》云："中国土不宜姜，仅可存活，势不滋息。种者，聊拟药物小小耳。"

唐宋疆域一统，药用姜主要来源于南方，唐代土贡干姜，主要有剑南道之

成都府，江南东道之杭州、台州、福州、泉州，江南西道之虔州，山南东道之

襄州。《通典》专门提到："临海郡贡鲛鱼皮百张、干姜百斤。今台州。"《元和

郡县图志》则记开元时台州贡干姜三百斤。《本草图经》云："今处处有之，以

汉、温、池州者良。"应该承认，尽管四川一直被认为是姜的道地产区，但或

许是由于陶弘景对江南姜的赞扬，唐宋时期姜的主要产地已转移至江浙。

明清姜的产地依然在江浙，《本草崇原》云："临海、章安、汉、温、池州皆能作之，今江西、浙江皆有，而三衢开化者佳。"《增订伪药条辨》云："干姜，湖南均州出，小双头内白色为均姜，最佳。浙江台州出者，为台姜，个小，肉黑黄者次之。其他江南、江西、宁国、四川皆出，总要个大坚实、内肉色白为佳。"正因为四川在当时已经失去道地优势，故作为拾遗补缺之书，赵学敏将"川姜"收入《本草纲目拾遗》，言："出川中，屈曲如枯枝，味最辛辣，绝不类姜形，亦可入食料用。"

综上所述，南方各省都适合药用姜的生长，而以四川犍为、浙江台州历史最为悠久，习惯上亦认为此两处所出最良，应是规范化种植的最宜地区。

二、药典标准

本品为姜科植物*Zingiber offcinale* Rosc.的干燥根茎。冬季采挖，除去须根和泥沙，晒干或低温干燥。趁鲜切片晒干或低温干燥者称为"干姜片"。

【性状】干姜　呈扁平块状，具指状分枝，长3~7cm，厚1~2cm。表面灰黄色或浅灰棕色，粗糙，具纵皱纹和明显的环节。

图5-1　干姜药材

分枝处常有鳞叶残存，分枝顶端有茎痕或芽。质坚实，断面黄白色或灰白色，粉性或颗粒性，内皮层环纹明显，维管束及黄色油点散在。气香、特异，味辛辣。

干姜片　本品呈不规则纵切片或斜切片，具指状分枝，长1～6cm，宽1～2cm，厚0.2～0.4cm。外皮灰黄色或浅黄棕色，粗糙，具纵皱纹及明显的环节。切面灰黄色或灰白色，略显粉性，可见较多的纵向纤维，有的呈毛状。质坚实，断面纤维性。气香、特异，味辛辣。

图5-2　干姜片

【鉴别】（1）本品粉末淡黄棕色。淀粉粒众多，长卵圆形、三角状卵形、椭圆形、类圆形或不规则形，直径5～40μm，脐点状，位于较小端，也有呈裂缝状者，层纹有的明显。油细胞及树脂细胞散于薄壁组织中，内含淡黄色油滴或暗红棕色物质。纤维成束或散离，先端钝尖，少数分叉，有的一边呈波状或锯齿状，直径15～40μm，壁稍厚，非木化，具斜细纹孔，常可见菲薄的横隔。梯纹导管、螺纹导管及网纹导管多见，少数为环纹导管，直径15～70μm。导管或纤维旁有时可见内含暗红棕色物的管状细胞，直径12～20μm。

（2）取本品粉末1g，加乙酸乙酯20ml，超声处理10分钟，滤过，取滤液作为供试品溶液。另取干姜对照药材1g，同法制成对照药材溶液。再取6-姜辣素对照品，加乙酸乙酯制成每1ml含0.5mg的溶液，作为对照品溶液。照薄层色谱法（附录ⅥB）试验，吸取上述三种溶液各6μl，分别点于同一硅胶G薄层板上，以石油醚（60～90℃）-三氯甲烷-乙酸乙酯（2∶1∶1）为展开剂，展开，取出，晾干，喷以香草醛硫酸试液，在105℃加热至斑点显色清晰。供试品色谱中，在与对照药材色谱和对照品色谱相应的位置上，显相同颜色的斑点。

【检查】水分不得过19.0%。

总灰分不得过6.0%。

【浸出物】照水溶性浸出物测定项下的热浸法测定，不得少于22.0%。

【含量测定】挥发油　取本品最粗粉适量，加水700ml，照挥发油测定法测定。

本品含挥发油不得少于0.8%。

6-姜辣素　照高效液相色谱法测定。

色谱条件与系统适用性试验　以十八烷基硅烷键合硅胶为填充剂；以乙腈-甲醇-水（40∶5∶55）为流动相；检测波长为280nm。理论板数按6-姜辣素峰计算应不低于5000。

对照品溶液的制备　取6-姜辣素对照品适量，精密称定，加甲醇制成每

1ml含0.1mg的溶液，即得。

供试品溶液的制备　取本品粉末（过三号筛）约0.25g，精密称定，置具塞锥形瓶中，精密加入75%甲醇20ml，称定重量，超声处理（功率100W，频率40kHz）40分钟，放冷，再称定重量，用75%甲醇补足减失的重量，摇匀，滤过，取续滤液，即得。

测定法　分别精密吸取对照品溶液与供试品溶液各10μl，注入液相色谱仪，测定，即得。

本品按干燥品计算，含6-姜辣素（$C_{17}H_{26}O_4$）不得少于0.60%。

三、质量评价

1. 药材质量研究

近年来，对姜和其不同炮制品采用现代分析仪器对其质量研究的报道相对较多。研究表明，姜的化学成分主要有辛辣成分及挥发油类，其中辛辣成分中主要有姜酚、姜烯酚和姜酮等。现代药理试验表明，该类成分具有抗氧化、消炎、保肝利胆、抑制中枢神经、抗肿瘤等多种功效。宣伟东等采用正己烷、乙醚、丙酮和乙酸乙酯4种溶剂对6-姜酚进行提取，采用HPLC法测定提取物及姜中6-姜酚的含量，结果发现，正己烷提取物中6-姜酚的含量较高，但提取率偏低；丙酮虽然对6-姜酚提取较完全，但其提取物中6-姜酚的含量较小；乙酸乙

酯为溶剂，其提取物中6-姜酚的含量较高，又可获得较满意的提取率。实验初

步建立了姜中6-姜酚的提取方法和活性成分的定性、定量检测方法。张科卫等

采用高效液相色谱法同时以6-姜酚、6-姜醇的含量为指标，对全国各主要产区

的生姜进行了分析。实验建立的方法操作简便、结果可靠、重现性好、检测快

速、定量准确，可作为控制姜质量的方法。从实验结果看，全国各主要产区的

姜中的6-姜酚、6-姜醇的含量差异较大，推测这可能与姜的生长环境、气候等

因素有关。钮翠然等用AgilentHcC8色谱柱，以乙腈-0.1%醋酸水溶液流动相、

梯度洗脱建立了反相高效液相色谱法同时测定干姜中6-姜酚、8-姜酚和10-姜

酚3种姜酚含量的方法，应用此方法，被测化合物可达到基线分离，重复性及

回收率良好，测定结果准确，为干姜药材质量标准的建立提供了科学依据。

2. 挥发油质量研究

挥发油是干姜中的主要活性部位之一。热增才旦等用气相色谱-质谱（GC-

MS）计算机联用技术，应用峰面积归一化法测定各组分的相对含量，从干姜

挥发油中共分离出61个化学成分，鉴定出57个化学成分，所鉴定的组分占总

挥发油88.06%，其中主要化学成分为烯和萜类化合物，为全部挥发油含量的

77.45%。该实验方法可靠，重现性好，能掌握干姜的内在质量特征，为合理

利用干姜提供一定的科学依据。李翔等优化干姜挥发油提取工艺，以挥发油得

率为指标，采用正交设计，对加水量、超声时间、浸泡时间和提取时间进行优

化，并建立干姜挥发油GC–MS指纹图谱。经过提取优化提高了干姜挥发油的得率，同时建立的GC–MS图谱色谱峰分离良好，稳定可靠，鉴定出的49种化合物，占挥发油总量的99.4%。实验结果具有一定的代表性，为干姜挥发油的指纹图谱和质量控制提供基础。芮雯等采用超高效液相色谱与串联四级杆飞行时间质谱仪联用技术（UPLC/Q–TOFMS）对干姜油中姜酚类成分进行分析，并对主要成分进行鉴别。经过超高效液相色谱的分离，借助Q–TOFMS测定的相对分子质量及正负离子信息可以鉴定干姜油中的主要姜酚类成分，共鉴定出干姜油中姜酚类化合物8个，分别为：6–姜酚、8–姜酚、6–姜烯酚、12–姜二醇、10–姜酚、8–姜烯酚、10–姜烯酚和10–姜二酮。该方法为干姜油姜酚类成分的鉴定提供了一种准确有效的方法。

3. 萃取物质量研究

超临界CO_2萃取是一种不同于传统中药提取的新技术，它具有无毒、无污染、提取较完全等优点，利用该法能够有效地从干姜中提取有效成分。姜的酚性成分非常复杂，难以通过测定每一种成分来达到控制提取物的质量。孟青等采用紫外双波长分光光度法和高效液相色谱法对干姜超临界CO_2萃取物中的总酚及6–姜酚进行了含量测定，建立了干姜超临界CO_2提取物的有效部位质量控制的方法。测定结果显示，超临界CO_2萃取所得提取物总酚超过70%，其中6–姜酚的含量达到20%以上，该法可靠、灵敏、专属性强。吴妍等采用C18色谱柱（4.6mm × 250mm，5μm），以乙腈–0.02mol/L磷酸为流动相进行梯度洗脱，建立干姜超临界CO_2提取物的HPLC指纹图谱。10批干姜提取物经中药色谱指纹图谱评价软件分析后，共确定10个共有峰作为指纹特征，相似度均达到0.9以上，该法为全面评价干姜超临界CO_2萃取物的质量提供理论依据，也对进一步完善干姜药材的质量评价有一定的意义。

第6章

干姜现代研究与应用

一、化学成分

干姜化学成分复杂，已从中发现余种成分，根据文献报道可归属为挥发油、辛辣成分和二苯基庚烷三大成分。

1. 挥发油

干姜含挥发油1.2%～2.8%。油中的主要成分为α-姜烯（α-ziznigbeerne）、姜醇（zingiberol）、没药烯（bisabolene）、α-姜黄烯（α-cucurmene）、α-和β-金合欢烯（α-，β-famesene）、芳樟醇（linalool）、桉油素（cineole）、壬醛、α-龙脑以及β-倍半菲兰烯（β-sesquiphellandrene）等。现有研究对干姜和姜挥发油进行比较研究，但选用的为食用姜，未见有对药用姜加工前（姜）与其加工品（干姜）进行比较研究和对干姜不同采收期挥发油含量动态变化进行研究的报道。

2. 辛辣成分

姜酚（Ginglerol）是姜中的主要辣味物质，包括有6-姜酚（6-gingeorl）、4-姜酚、8-姜酚、10-姜酚、12-姜酚，其中6-姜酚是最主要的成分，以及分解产物姜酮（zingeorne）、姜烯酚（shogaol）、姜二酮（gingerdiones）和姜二醇（giogeridols）等。这些成分，都有β-羟基酮的分子结构，姜之所以呈现多种药用价值其主要原因是因为姜酚在起作用。姜酚中以6-姜酚含量最高，其生物活性也最强，是姜的主要生物活性成分，所6-姜酚已作为评价生姜及其药物品质的客观指标。具有保肝利胆、降血糖、诱导T-淋巴细胞凋亡、抗血小板聚集、抑制环加氧酶-1（COX-1）抗氧化等活性、基于其极强的抗氧化能力。

姜辣素被作为食品防腐保鲜的添加剂备受关注。具有降低胆固醇，促进血液循环，化痰止咳，祛风活血、抗癌、止呕等作用。另外在化妆品方面，其也作为洗发液和护发素的添加剂。具有防脱发、抑菌、抑制头皮屑生长等作用。除了上述作用外，姜酚类物质还可作为天然香料香精及营养添加剂用于食品工业。

现代研究表明干姜中的姜辣素组分不仅是干姜呈多种生物活性作用的主要功能因子，也是干姜特征性辛辣风味的主要呈味物质。姜辣素是由以上多种物质构成的混合物，各种成分组其分子中均含有3-甲氧基-4羟基苯基官能团。虽然因干姜产地、采收时间的不同，姜辣素的含量有差别，但是所含主要成分基本一致，主要为：6-姜酚、8-姜酚、6-姜烯酚，其中6-姜酚含量占三者总量的一半以上。姜辣素的含量直接影响干姜的品质和药效。有采用测定酚类的比色法对姜辣素进行含量测定的。有报道采用高效液相色谱法，以6-姜酚为对照品进行姜辣素的含量测定。但是现有研究的分离和贮藏手段还不能提供姜辣素主要成分稳定的纯品标样。《美国药典》（24版）选用高效液相色谱法以辣椒素为对照品的方法对姜中姜酚和姜烯酚进行定量分析。

3. 二苯基庚烷类

二苯基庚烷（diarylhe ptanoids）是主要存在于姜科植物中的一类比较特殊的化合物，是具有1，7-二取代苯基并以庚烷骨架为母体结构的化合物的统称，可分为线性二苯基烷类和环状二苯基庚烷类化合物。该类化合物属多酚类物质。此类化合物，具有多种生物学和药理学活性，包括抗氧化、抗肝毒性、抗炎、抗增殖、止吐、抗肿瘤等。Kikuzaki等人在1991年首先分离得到13个化合物，并检测了其抗氧化活性，1996年Kikuzaki等人又从姜的二氯甲烷提取物中分离到5个新的环状二苯基庚烷类化合物。2007年Zhou等人，从姜中分离得到3个新的链状二苯基庚烷类化合物，并检测了其抗氧化活性；同年Zhao等人，得到了一个新的环状二苯基庚烷；2010年王治远等人从干姜乙醇提取物中分离得到2个新的链状二苯基庚烷类化合物。

4. 其他

除上述主要成分外，干姜中还含有少量黄酮类，糖苷类，氨基酸，多种维生素和多种微量元素。糖苷类化合物主要有一些萜类化合物和单个葡萄糖基所构成，除此之外，在少数姜辣素中有时也会接上糖基。

二、药理作用

（一）抗氧化作用

姜中起抗氧化作用的成分主要为姜酚、姜酮、姜脑等化合物。干姜醚提取物能减慢整体小鼠的耗氧速度，延长常压密闭缺氧小鼠的存活时间，延长断头小鼠的张口动作持续时间，可抑制家兔脑组织的脂质过氧化物MDA的生成，并能提高脑组织中SOD的活性和Na^+–K^+–ATP酶的活性，清除体内自由基所造成的神经细胞膜的脂质过氧化损伤，脑水肿减轻而迅速复苏。姜的提取液（水蒸气蒸馏法制备浓缩液，含挥发油、姜辣醇等成分）可明显提高小鼠肝脏SOD活性，并能降低肝脏脂质过氧化物（LPO）含量，提示浓姜液有抗氧化作用。王桥研究了姜的石油醚提取物对4种氧自由基体系的抗氧化作用，结果表明醚提物可抑制O_2氧化红血球的速度和程度；对小鼠肝微粒体LPO有一定抑制作用，且随浓度的增大，抑制作用增强，当醚提物浓度达4g/L生姜时，抑制率为86.91%。另外，生姜醚提物也可抗H_2O_2氧化，保护红细胞，是一种有效的–OH清除剂。

Masuda等将分离得到的化合物进行了清除DPPH自由基实验和AAPH诱导的微粒体抗氧化实验，结果表明，姜辣素类化合物和二苯基庚烷类化合物都有抗氧化活性，此类化合物的脂肪链可以阻断并清除自由基，特别对AAPH诱导

的微粒体抗氧化活性作用明显。王丽霞等用超临界CO_2流体萃取的方法从姜中提取姜辣素，通过三种不同的自由基体系研究了姜辣素的抗氧化活性，结果表明，姜辣素对超氧阴离子自由基（O^{2-}）、羟自由基（$-OH$）、DPPH自由基都有清除能力，并且随着浓度升高清除能力也增强。

（二）镇痛、抗炎、解热作用

现代药理研究发现，干姜中的姜酚类化合物有明显的镇痛消炎效果，民间也有用干姜水煎剂治疗患者炎症的例子。王梦等人实验发现干姜乙醇提取物能抑制二甲苯引起的小鼠耳廓肿胀，说明干姜醇提取物有一定的抗炎作用。余悦

等人分别用内毒素、干酵母、2，4-二硝基酚制造三种大鼠发热模型，用CO_2超临界提取干姜总油灌服给药，结果显示干姜油对这三种发热模型均有抑制作用，0.5、1.0g/kg抑制实验性发热的体温升高，15～30分钟后即能使实验动物发热体温下降，解热作用能持续4小时以上。由此可以认为，干姜有明确的解热作用，其脂溶性成分，包括挥发油与姜辣素类是干姜解热作用的主要有效部位。

干姜醚提取物、水提取物都有镇痛作用。给小鼠灌服干姜醚提取物或水提取物，均能使醋酸引起的小鼠扭体反应次数减少，且呈量效关系。同时还能延长小鼠热刺激痛觉反应潜伏期。李艳玲等采用灌胃给药方式，通过对给药后与给药前进行比较，研究不同浓度干姜水煎液（1、2、3mg/ml）对小白鼠主活动

情况的影响，发现干姜有一定的镇静作用，且该作用和剂量之间的关系非常密切，小剂量时镇静作用非常明显，大剂量时镇静作用则不明显甚至消失。结合历代医家对干姜作用的研究还可推断，当机体因阳虚或中虚胃弱而出现烦躁失眠时，干姜的镇静作用也比较突出。余悦等制备干姜CO_2超临界提取物（干姜总油），用大鼠、小鼠试验，发现用0.5、1.0g/kg干姜油灌服能抑制试验性发热引起的体温升高，并能促进发热的消退，表明干姜油有一定的解热作用。

姜水提取物、醚提取物、挥发油都有明显的抗炎作用。给小鼠灌胃干姜醚提取物或水提取物，均能抑制二甲苯引起的小鼠耳肿胀。大鼠灌胃干姜醚提取物或水提取物，均可拮抗角叉菜胶引起的大鼠足跖肿胀，同时发现均能显著降低肾上腺中VC的含量。说明干姜的抗炎作用可能是通过促进肾上腺皮质的功能。干姜还对卵白蛋白所致过敏性肠肌收缩有抑制作用。干姜醇提物具有显著抑制伤寒、副伤寒甲乙三联苗所致家兔发热反应的作用；干姜醇提物对菌株的最低抑菌浓度范围为13.5～432.0mg/ml。

（三）对心血管系统的作用

实验及临床研究表明，姜辣素有很好的改善心脑血管系统的功能，其中起主要作用的是姜酚。沈云辉等分别用三氯甲烷、乌头碱、哇巴因药物制备3种心律失常模型，观察干姜乙酸乙酯提取物对心律失常的拮抗作用，结果显示干姜乙酸乙酯提取物可降低室颤发生率，提高引起室性早搏、心搏停止的药物用量，而3种心律失常模型的机制各不相同，但干姜的乙酸乙酯提取物可显著抑制这3种不同类型的心律失常，说明其抗心律失常的作用可靠。卢传坚等研究了干姜提取物对兔心力衰竭时心功能的影响。结果表明，干姜提取物能改善心衰兔的心肌舒缩性能，减轻心衰症状，且作用随剂量增加而增强。廖晖等用干姜擦剂治疗手足皲裂的研究中发现，干姜含挥发油及辛辣成分，可以促进局部血液循环，起到保护创面、促进愈合等作用。

干姜的水提物和挥发油具有抑制血小板聚集、预防血栓形成的作用。干姜水提物无抗缺氧作用，而醚提物具有抗缺氧作用，其机制可能是通过减慢机体耗氧速度产生的。谢恬等研究了干姜对心肌细胞缺氧缺糖性损伤的保护作用，结果表明，干姜能够使细胞乳糖脱氢酶（LDH）释放减少，从而减少心肌细胞的损伤。陈颖等采用窒息法，建立大鼠急性心肌缺血缺氧模型，得出干姜挥发油干预性给药可以加快心率，升高急性心肌缺血缺氧大鼠的左心室内压、提升左心室内压最大上升速率，改善其血流动力学的状态。干姜挥发油可以改善心功能，缓解急性心肌缺血缺氧状态，并具有一定的抗心衰作用。周静等采用气管夹闭窒息法制作大鼠心脏骤停–心肺复苏后造成心衰模型，考察干姜水煎液对该模型大鼠血管紧张素（Ang II）、血清肿瘤坏死因子α（TNF-α）、丙二醛（MDA）及一氧化氮（NO）的影响，得出干姜水煎液对急性心肌缺血大鼠Ang II，TNF-α，MDA，NO均有一定调控作用。表示干姜可以改善心功能，缓解急性心肌缺血缺氧状态，发挥"回阳通脉"功效。

（四）对消化系统的作用

蒋苏贞等通过小鼠小肠墨汁推进试验观察干姜醇提取物（EDGE）对正常、亢进及抑制状态下肠道运动的影响，观察到EDGE能显著促进正常和抑制状态的小鼠小肠运动，对亢进状态的小鼠小肠运动却有明显抑制作用。小肠能显著促进正常体外肠管收缩，对阿托品作用的体外肠管也有明显的促进收缩作用。EDGE对肠道平滑肌运动有双向调节作用，机制与其作用与胆碱能受体有关。

用干姜水煎液给大鼠灌服，对应激性溃疡、乙酸诱发胃溃疡以及幽门结扎胃溃疡均有明显抑制作用。蒋苏贞等采用水浸束缚应激致胃溃疡模型、无水乙醇致胃损伤模型和幽门结扎致胃溃疡模型，得出干姜醇提物具有较好的抗溃疡作用，其机制可能与增强胃黏膜防御能力有关。

干姜醇提物经口或十二指肠给药均能明显增加胆汁分泌量，作用维持时间长。干姜对半乳糖胺引起原代培养大鼠肝细胞损伤有较好的保护作用，可使肝细胞培养液中AST含量显著降低。

王梦等采用胆总管插管引流胆汁方法，观察干姜醇提取物对大鼠胆汁分泌的作用。结果显示，干姜醇提取物经口或十二指肠给药均能明显增加胆汁分泌量，维持时间长达3～4小时，口服作用更强。干姜含芳香性挥发油，对消

化道有轻度刺激作用，可使肠张力、节律及蠕动增强，从而促进胃肠的消化功能。

（五）抗癌作用

Chrubasika等研究发现，6-姜酚对人脊髓细胞性白血病有抑制作用。蒲华清等人对比了6-姜酚在正常模式和低氧低糖模式两种下对于人肝癌细胞株HepG-2细胞的杀伤和化疗增敏作用。结果表明6-姜酚作用于HepG-2细胞后，细胞生长受到明显抑制，且抑制率随浓度的升高而升高，抑制率具有浓度依赖性。Real-time PCR检测表明：正常培养条件下Bcl-2、birc-5mRNA表达降低，Bax表达无明显变化。低氧低糖条件下Bcl-2、birc-5表达明显降低。其机制可能是6-姜酚通过下调birc-5mRNA的表达，降低Survivin蛋白抑制肿瘤细胞的凋亡能力对HepG-2细胞产生杀伤和化疗增敏作用，在低氧低糖环境中这种作用表现的更为明显。研究发现，6-姜酚和6-非洲豆蔻醇对人脊髓细胞性白血病（HL-60）的生存和DNA合成具有抑制作用。姜提取物的细胞毒性和抑制肿瘤增殖机制与促进细胞凋亡有关。淋巴细胞增殖试验中，通过促进细胞分裂剂刀豆球蛋白α作用诱导的增殖作用，干姜提取物具有抑制作用。

（六）抑制血小板聚集作用

研究显示，姜酚对二磷酸腺苷（ADP）、花生四烯酸（AA）、肾上腺素、胶原引起的血小板聚集有良好的抑制作用，明显抑制血小板环氧合酶活性和血栓素合成。姜酚抑制AA诱导的血小板聚集效果与阿司匹林类似。

（七）改善血液循环作用

廖晖等在干姜擦剂治疗手足皲裂的研究中发现，其总有效率可达88.6%，高于对照组的68.0%，其原因是干姜含挥发油等辛辣成分，可促进局部血液循环，起到保护创面、促进愈合作用；干姜水提物和挥发油具有抑制血小板聚集、预防血栓形成作用。许青媛等发现干姜水提物在$10g \cdot kg^{-1}$、$20g \cdot kg^{-1}$剂量条件下，均能延迟血栓的形成；挥发油组在$0.75ml \cdot kg^{-1}$、$1.5ml \cdot kg^{-1}$剂量下，同样能够延迟血栓形成。干姜对去甲肾上腺素所致的血小板聚集具有明显抑制作用，且呈剂量依赖关系。干姜提取物对兔心衰具有保护作用，可增加戊巴比妥钠所致兔急性心力衰竭模型形成所需时间和造模剂用量，明显改善血流动力学指标。进一步研究表明干姜提取物能改善心衰兔的心肌舒缩性能，减轻心衰症状，作用随剂量增加而增强。

（八）保肝利胆

采用原代培养的大鼠肝细胞实验发现干姜中的姜酚类、姜烯酮类及二芳基庚烷类成分有对抗CD4和半乳糖胺的肝细胞毒作用。实验采用乙醚麻醉后再用乌拉坦麻醉，剖腹，用聚乙烯插管插进总胆管，每只大鼠保持1小时，使之稳定30分钟后从十二指肠给药的方法，发现姜的丙酮提取液在给药后3小时呈现显著的利胆作用，而水提液无效。6–姜酚在给药后30～60分钟可使胆汁分泌显著增加，

在给药4小时后仍很明显，10-姜酚也呈现利胆作用，虽作用较弱，但仍有显著性。

（九）改善心功能的作用

许庆文等通过戊巴比妥钠造模来研究干姜提取物对兔心衰的保护作用。结果显示灌服干姜提取物可增加戊巴比妥钠所致兔急性心力衰竭模型形成所需的时间和造模剂用量，明显改善血流动力学指标。表明干姜提取物对兔急性心力衰竭模型形成具有保护作用。卢传坚等进一步研究了干姜提取物对兔心力衰竭时心功能的影响。结果表明干姜提取物能改善心衰兔的心肌舒缩性能，减轻心衰症状，且作用随剂量增加而增强。沈云辉等分别用三氯甲烷、乌头碱、哇巴因药物制备3种心律失常模型，观察干姜乙酸乙酯提取物对心律失常的拮抗作用，结果表明干姜乙酸乙酯提取物具有一定抗心律失常作用。而这3种心律失常模型的机制各不相同，但干姜的乙酸乙酯提取物均可显著抑制这3种不同类型的心律失常，说明其抗心律失常疗效确切。

（十）抗缺氧作用

干姜不同提取物产生抗缺氧能力不同。研究表明，干姜水提物无抗缺氧作用，而醚提物具有抗缺氧作用，其机制可能是通过减慢机体耗氧速度产生的。柠檬醛是其抗缺氧的主要有效成分之一。研究了干姜对心肌细胞缺氧缺糖性损伤的保护作用，结果表明干姜能够降低细胞乳酸脱氢酶（LDH）释放减少，从而减少细胞的损伤。

（十一）其他作用

干姜还具有抗菌、抗晕动病、止呕、改善脂质代谢、降血脂、降血糖和增强免疫等作用。曲恒芳等发现采用干姜口含法治疗妊娠引起的恶心、呕吐可取得良好的效果；6-姜酚能有效抑制脂肪生成，还可以降低高血糖、高胰岛素血症等。

（十二）干姜配伍的药理研究

1. 干姜与附子配伍对心衰大鼠血流动力学的影响

展海霞等研究了附子与干姜配伍可以加快心衰大鼠的心率、升高左心室内压、提高左心室内压最大上升和下降速率，改善心衰大鼠血流动力学的状态。附子干姜配伍有明显的抗心衰作用；附子干姜可能通过增强心肌收缩力，升高左心室内压、加快心率，从而起到改善心功能，缓解心衰，发挥回阳救逆的功效。

2. 干姜与附子配伍对心阳虚衰大鼠血浆肾上腺素、血管紧张素Ⅱ、醛固酮及ANP、ET的影响

展海霞等研究了附子与干姜配伍对心阳虚衰大鼠血浆肾上腺素、血管紧张素Ⅱ（AngⅡ）、醛固酮（ALD）及心钠素（ANP）、内皮素（ET）的影响。采用盐酸普罗帕酮注射液静脉注射建立大鼠心阳虚衰证心力衰竭动物模型，用放

射免疫分析法测定以上指标血浆的含量。结果显示附子与干姜配伍对大鼠血浆肾上腺素、血管紧张素、醛固酮、心钠素及内皮素均有一定的调控作用。

3. 干姜与附子配伍增效减毒作用机制研究

徐姗珺等通过分析附子、干姜的主要化学成分及其药理作用，初步解释了附子的毒性、药效以及干姜的药效作用，同时结合目前研究成果，阐述附子干姜配伍增效减毒作用机制的物质基础及药理作用，为进一步研究该配伍的内涵提供理论参考。但以附子、干姜为主的复方，对药物间相互作用的研究尚须进一步深入探索。

（十三）干姜的毒性研究

王梦等用干姜醇提物进行了小鼠急性毒性和大鼠长期毒性试验。通过小鼠急毒试验结果表明，干姜醇提物LD_{50}为108.9g/kg，毒性小。大鼠长毒试验结果表明，干姜醇提物高、中、小剂量26g/kg、18g/kg、10g/kg灌服2个月，高剂量组出现便稀，停药后消失；高剂量组肝脏重量增加，但病理学未见异常，停药后恢复正常；各剂量组的体重增加情况，血液学、血液生化学指标均无异常。故提出干姜醇提物18g/kg、10g/kg是安全剂量，为开发本品提供了毒性实验参考。

干姜浸剂给小鼠管灌胃的半数致死量折合生药为33.5g/kg；干姜水煎剂给小鼠灌胃的半数致死量在250g/kg以上。小鼠静脉注射鲜姜注射液为临床用量

（肌注每次2ml）的625倍以上时都安全，局部无刺激，溶血性试验也呈阴性。

三、应用

（一）临床常用

1. 脾胃寒证

干姜辛热燥烈，主入脾胃而长于温中散寒、健运脾阳，为温暖中焦之主药。凡脾胃寒证，无论是外寒内侵之实证，或是脾阳不足的虚证，症见脘腹冷痛，呕吐、泻痢等，均可应用。古方常用单味干姜煎服或研末米饮冲服治疗脾胃阳虚腹泻。若脾胃虚寒，脘腹冷痛，每与党参、白术同用，以温中健脾补气，如《伤寒论·辨霍乱病脉证并治》理中丸；亦常与人参、蜀椒、饴糖等同用，以温中补虚止痛，如《金匮要略》大建中汤。若脾肾阳衰，下痢不止者，须配附子以温脾肾之阳。据报道，现代有人用干姜附子汤治疗小儿腹泻危象属脾肾阳衰型。若寒邪直中所致腹痛，常与麻黄、白芷、肉桂等同用，以解表温里，如《太平惠民和剂局方》五积散。若寒饮停胃，干呕或吐涎沫者，每与半夏同用，以温胃降逆，即《金匮要略·呕吐哕下利病脉证》半夏干姜散。

2. 亡阳证

干姜性味辛热，入心、脾、肾经，有温阳守中，回阳通脉的功效，用治心肾阳虚，阴寒内盛之亡阳厥逆，脉微欲绝者，常助附子以增强其回阳救逆作

用，并可降低附子的毒性。若亡阳暴脱，下痢，亡血，四肢厥逆，脉微等，可在四逆汤的基础上加入人参，及《伤寒论》四逆加人参汤。

3. 寒饮咳喘证

干姜入肺经，以其辛热温肺散寒化饮，并可温脾燥湿以杜生痰之源。用治寒饮伏肺，咳嗽气喘，形寒背冷，痰多清稀者，常与细辛、五味子同用，如《伤寒论·辨太阳病脉证并治》小青龙汤。若肺寒停饮，咳嗽胸满，痰涎清稀，舌苔白滑，每与茯苓、甘草、五味子等同用，如《金匮要略》苓甘五味姜辛汤。又有刘禹锡《传信方》治咳逆上气，以干姜与皂荚、桂心为末蜜丸服。

4. 寒积便秘证

干姜辛热，其入脾胃散寒之功用治痼冷积滞，便秘，腹痛得温则快者，常与大黄、附子、人参等同用，如《千金方》温脾汤。

5. 水肿证

干姜辛热，能温中焦，健脾阳，用治脾肾阳虚，水湿停滞，肢体浮肿，胸腹胀满，手足不温，大便溏，脉象沉迟等，常与附子、白术、茯苓等同用，如《世医得效方》实脾饮。

6. 阳虚阴盛

干姜入心、脾、肾经，可通心助阳以复脉，温脾暖肾以回阳。临床病属肾阳衰微而阴寒内盛，如不急温其阳，则会阳气暴脱而亡。仲景治之以四逆汤，以生附为君药，达到破阴回阳救逆之功；干姜为臣，可温中散寒，助附回阳救逆，二者皆为大辛大热之品，可温先天以生后天，又可温后天以养先天。正如《本经疏证》所云："附子以走下，干姜以守中，姜无附，难收斩将攀旗之功；有附无姜，难取坚壁不动之效。"另外，此方中辛散之附子配伍内守之甘草，有散有收，散收结合。若阳虚而阴寒极盛，寒格阳于外，出现热象，则在四逆汤基础上重用姜附，达到破阴回阳之功。对于寒湿留着阻遏气机使阳气不达四末，肾阳虚水泛者，可配伍茯苓温阳散寒，健脾利湿以达到暖土治水的目的。现代大量实验研究也证实了干姜附子配伍可有明显的抗心衰、保护心肌、调节免疫功能，也有明显的升压作用。《伤寒论》原文四逆汤、干姜附子汤、茯苓四逆汤、四逆加人参汤、通脉四逆汤、通脉四逆加猪胆汁汤、白通汤、白通加猪胆汁汤、理中丸等均是以附子干姜为主，用以温里散寒、回阳救逆之方，如《喻选古方试验》云："干姜能发阳气直至颠顶之上，附子能生阳气于至阴之下，故仲景治伤寒四逆等汤并用。"

7. 中焦虚寒

干姜辛温，入脾、胃经，与温补脾胃的药物配伍可温中散寒，健运脾阳。仲景对脾胃阳虚，寒湿内盛，升降失常者，无论外感、内伤，以理中丸治之。如《伤寒论》386 条治霍乱，"寒多不用水者，理中丸主之"，因为霍乱吐下，损伤中焦阳气，用理中以温运中阳，散寒除湿而理中焦之阴阳。此方中干姜同

白术相伍，也达到了补脾燥湿的功效。在柴胡桂枝干姜汤、桂枝人参汤等方中，也有该组配伍。阴阳两虚之人表未解而误治，导致阴阳进一步虚损，中阳不达四末，出现手足厥逆者，当先复其阳，故以甘草干姜汤治之，两药相配，辛甘化阳，温复中焦阳气。而甘草用量倍于干姜，以达到制约干姜辛热之性，以免损伤不足之阴。现代药理研究认为甘草干姜汤可通过升高肺组织SOD和GSH的水平来抑制肺纤维化。对于中虚饮停者，与姜同用，既能宣散水气，又可温补中州。

8. 肺阳虚损

干姜入肺经，能温肺散寒，燥湿化痰。用治寒邪犯肺，损伤肺阳，兼内有饮停而见咳嗽气喘，痰多色白，形寒背冷者。"伤寒表不解，心下有水气"即是仲景对小青龙汤证之外寒里饮病机的概括。临床常与细辛、五味子相伍，干姜、细辛辛温散邪，五味子酸敛肺气，一散一收，既可温肺宣肺，又可化痰止咳，而且此组配伍，也很好地体现了仲景提出的"病痰饮者，当以温药和之"的治疗原则，对后世具有影响深远。另外，半夏辛散温燥，入肺经，能燥湿化饮，入脾、胃经，可降逆和胃，与干姜合用，可温肺化痰。刘渡舟教授曾用小青龙汤治一咳喘患者7剂即效。叶冰等经过实验研究证实干姜-细辛-五味子药对具有明显的止咳和抗炎作用。《伤寒论》第40条和41条均讲小青龙汤，是仲景对表里同病之外有伤寒，内有水饮的证治，既有干姜与半夏合用温肺化痰之效，又有干姜与细辛、五味子共用温肺宣肺之力。

此外，《本经》言之可止血，故干姜还可与归芍等补血药配伍以补血养阴，治疗脾虚不摄血引起的吐血、衄血以及妇女崩漏等，亦治肠澼。如《伤寒论》乌梅丸方用干姜引当归入肝经以补血养阴，既可治疗厥阴本虚标实证，又可治久利。治疗脾虚不摄血引起的吐血、衄血以及妇女崩漏等，亦治肠澼。正如《本草纲目》所言："干姜，能引血药入血分、气药入气分。又能去恶养新，有阳生阴长之意，故血虚者用之。"

9. 实证

寒湿之邪侵袭人体，常可损伤人体正气，病久化热，常表现为邪盛正虚的寒热错杂之证。干姜性温，与寒药配伍，重在寒温并用，既清邪热，又温里阳。《伤寒论》多处用到寒温并用之法。

栀子干姜汤，因伤寒误下，徒伤中阳（下有寒气），在表之邪内陷化热而郁于胸膈（上有郁热），证属热郁胸膈兼中焦虚寒。干姜辛热，温中阳，散寒气，配伍苦寒清透之栀子，寒热并用，寒而不滞，热而不散，一寒一热，一清一温，一上一下，相互监制，即不伤阳，又不增热，方简效宏。若不因误下而成者，临床只要符合热郁胸膈，脾虚中寒者，均可以栀子干姜作为对药加减使用。

半夏泻心汤（149条）用以治疗寒热错杂之痞证。寒指的是误下伤脾，寒从

内生，中阳不运；热指的是表邪传入少阳，邪热内陷，导致寒热结于中焦，阻滞气机。方中半夏、干姜合用，有辛开散结之功，配黄连、黄芩之苦寒之品，共奏辛开苦降之效。

黄连汤（173条）是因伤寒失治、邪气入里、化热而聚胸中，脾虚肠寒而寒凝气滞，寒热阻格于上下之证。治疗以清上、温下为法。黄连苦寒以清上热，干姜辛热以温散下寒。半夏助干姜和胃止呕，桂枝温阳散寒，交通上下。干姜守而不行，专功于补，桂枝能行能温能理，一守一行，起到温通的作用。现代药理实验证实干姜黄连可显著提高大鼠肝组织Na^+，K^+，–ATP酶活力。李宇航等通过半夏泻心汤及其拆方对胃电节律失常大鼠胃电慢波频率变异系数的影响的研究发现，辛苦组（半夏、干姜、黄芩、黄连）纠正胃电节律失常的作用最为显著。该研究也证实了古人应用"辛开苦降"之法的科学性。

10. 其他

干姜除上述传统应用外，还有班建用理中丸加味治疗十二指肠球部溃疡属中医脾胃虚寒型；用四逆汤加减，治疗感冒型肠炎伴虚脱，属中医少阴病阳衰阴盛型；用小青龙汤加减治疗急性支气管炎属中医外寒内饮。钱宝庆等用干姜胶囊防治冠心病、心肌梗死，蓝华生用干姜黄芩黄连人参汤治疗尿毒症性胃炎10例，张惠鸣等用干姜黄连方敷脐治疗婴幼儿慢性腹泻51例，均表明干姜现代临床应用广泛。

（二）常用配方

1. 咳喘

咳喘，痰多：干姜3g，紫苏叶30g。水煎去渣取汁，每日早晚各服1次，每次服100ml，10天为1疗程，两个疗程间隔3天。

2. 脾胃虚寒，呕吐呃逆

（1）干姜暖胃粥：干姜1～3g，高良姜3～5g，粳米100g。先煎干姜、高良姜，取汁去渣，再入粳米同煮为粥，每日食用1次。

（2）心腹冷痛，吐泻，肢冷脉微，寒饮喘咳，风寒湿痹，阳虚呕吐，吐衄便血，用《长寿补酒》干姜酒：干姜30g，白酒500ml。将干姜拍碎，置净器中，入酒煮取300ml，过滤去渣，贮入净瓶备用。每日2次，早、晚各温饮20ml。

（3）头目眩晕吐逆，《传信适用方》止逆汤：川干姜100g（炮），甘草50g（炙赤色）上二味，为粗末。每服20～25g，用水300ml，煎至200ml，食前热服。

3. 泄泻，痢疾

（1）中寒水泻：干姜10g（炮）研末，冲服。

（2）慢性腹泻，干姜甘草散：干姜、炙甘草各30g，共研为末，分10等份，每日早晚各用温开水调服1份。

（3）细菌性痢疾，姜茶饮：干姜、绿茶各3g。干姜（切丝）与绿茶用水煎浓汁，频饮服。

4. 脾肾阳虚证

（1）脾肾阳虚之肢冷畏寒，腰膝酸软，小便清长或下肢浮肿；泻下量多；月经后期小腹发凉等症。干姜羊肉汤：干姜30g，瘦羊肉150g，盐1g，大葱3g，花椒粉1g。羊肉切块，与干姜共炖至肉烂，调入盐、葱花、花椒粉，即可喝汤食肉，每日1次。

（2）尿频。《金匮要略》甘草干姜汤：干姜20g，甘草40g。煎汤频饮，每天1剂。

（3）心腹冷痛、肢冷、吐泻；寒饮咳喘；风湿寒痹；阳虚吐血、衄血、下血：干姜10g，红茶3g。用干姜的煎煮取汁250ml泡茶饮用，冲饮至味淡。

5. 寒凝痛经

姜枣红糖汤：干姜5g，枣（干）15g，赤砂糖30g。将大枣去核，洗净，干姜洗净，切片。大枣、干姜，加红糖煎汤，分两次服，每日1剂。

6. 痈疽初起

干姜50g，炒紫，研末，醋调敷痈疽周围，留头。（《诸症辨疑》）

7. 吐血不止

干姜为末，童子小便调服5g，一日3次。（《千金方》）

8. 肺寒痰饮证

（1）风寒咳喘，痰色稀白。温肺粥：干姜、五味子各9g，细辛3g，大米100g。将前3味洗净，用干净纱布包好。大米淘净后加入适量清水，再放入用纱布包好的中药，同煮成粥。将粥中的药包去掉，分早晚两次食粥。

（2）肺寒，痰饮内停之咳嗽证，症见咳嗽痰多，痰稀色白，胸膈不快，舌苔白滑，脉弦滑。苓甘五味姜辛汤：干姜9g，茯苓12g，甘草、细辛、五味子各6g。水煎服，日1剂，早晚分服。

（3）寒邪伤肺，气嗽短气，心胸不利，不思饮食。《太平圣惠方》干姜散：干姜（炮裂，锉）、款冬花各15g，桂心13g，细辛、白术、五味子、木香、甘草（炙微赤，锉）各0.9g，附子30g（炮裂，去皮、脐）。上药，捣筛为散，每服9g，用水250ml，入大枣2枚，煎至150ml，去滓温服，每日3次。

（4）肺中有寒，咳逆上气。《外台秘要》干姜汤：干姜、麻黄（去节）各12g，紫菀、五味子各3g，杏仁9g（去皮、尖、双仁，切），桂心、炙甘草各6g。

（5）风寒袭表，水饮内停，恶寒发热，无汗，喘咳，痰多而稀，或痰饮咳喘，不得平卧，或身体疼重，头面四肢浮肿，舌苔白滑，脉浮者。《伤寒论》小青龙汤：干姜、细辛、五味子、甘草各6g，麻黄、桂枝、芍药、半夏各9g。水煎服，日1剂，分两次服。

9. 伤寒少阳证

往来寒热，寒重热轻，胸胁满微结，小便不利，渴而不呕，但头汗出，心烦；疟疾寒多热少，或但寒不热。柴胡桂枝干姜汤：干姜、桂枝、黄芩各9g，柴胡24g，栝楼根12g，牡蛎（先煎）、炙甘草各6g。水煎服，日1剂，早晚分服。初服微烦，复服汗出便愈。

10. 脾胃虚寒证

（1）脾胃虚寒，症见脘腹冷痛，食少呕吐，冷泻，不思饮食，舌淡苔白，脉沉细，《伤寒论》理中丸：干姜、人参、白术各9g，甘草6g。水煎服，日1剂，分两次服。

（2）中阳衰弱，阴寒内盛，症见心胸中大寒痛，呕不能食，腹中寒，上冲皮起，头足痛而不可触近，苔白滑，脉细紧，甚则肢厥脉伏；或腹中辘辘有声，《伤寒论》大建中汤：干姜12g，川椒、人参各6g，饴糖30g。水煎服，日1剂，早晚分服。

（3）脘腹冷痛：干姜6g，花椒3g，香附12g。水煎服，日1剂，分两次服。

（4）消化道溃疡：干姜、陈皮各12g，白芍15g。每日1剂，水煎早晚分服。

11. 呕吐

（1）伤寒哕逆不止，《类证活人书》橘皮干姜汤：炮干姜、橘皮、通草、桂心、炙甘草各60g，人参30g。上药锉末，每服12g，水300ml煎至180ml，去滓温服，每日3次。

（2）呕吐：干姜、半夏（洗）、黄芩、人参各9g，黄连3g，大枣4枚，炙甘草6g。上药加水2000ml，煮取1200ml，去渣，再煮取600ml，温服100ml，每日3次。

（3）妊娠呕吐不止，《金匮要略》干姜人参半夏丸：干姜、人参各50g，半夏100g。上三味研末，以姜汁糊为丸，如梧桐子大。每服10丸，日3服。

12. 泻痢

（1）慢性虚寒痢疾，久治不愈的寒痢，《伤寒论》赤石脂干姜粥：干姜10g，赤石脂30g，粳米60g。将赤石脂打碎，与干姜入锅，加水300ml，煎至100ml，去渣取汁备用。粳米煮为稀粥，加入药汁，煮开1～2沸，每日早晚，空腹温热服食。

（2）赤白痢久不止，肠中疼痛。《鸡峰普济方》干姜白术散：干姜、白术、附子（先煎）、地榆、黄连各30g，阿胶（烊化）、龙骨（先煎）各60g，赤石脂90g。共为散，每服6g，以水300ml，煎至100ml去滓，食前温服。

13. 肾阳虚证

肾著病，症见身重腰下冷痛，腰重如带五千钱，如坐冷水中，饮食如故，口不渴，小便自利，舌淡苔白，脉沉迟或沉缓。《金匮要略》甘草干姜茯苓白术汤：干姜、茯苓12g，甘草、白术各6g。水煎服，日1剂，早晚分服。

14. 心肾阳虚证

（1）心肾阳虚，阴寒内盛之四肢厥逆，恶寒倦卧，呕吐不渴，腹痛下痢，神衰欲寐，舌苔白滑，脉微欲绝；或太阳病误汗亡阳。《伤寒论》四逆汤：干姜、甘草各6g，附子15g（先煎）。水煎服，日1剂，分两次服。

（2）少阴病，下利清谷，里寒外热，手足厥逆，脉微欲绝，身反不恶寒，其人面色赤，或腹痛，或干呕，或咽痛，或利止脉不出者，《伤寒论》通脉四逆汤：干姜12g，附子20g（先煎），炙甘草6g。水煎服，日1剂，分两次服。

（3）寒邪直中三阴，真阳衰微。症见恶寒倦卧，四肢厥冷，吐泻腹痛，口不渴，神衰欲寐，或身寒战栗，指甲口唇青紫，或口吐涎沫，舌淡苔白，脉沉微，甚或无脉。《伤寒六书》回阳救急汤：干姜、人参、陈皮、炙甘草各6g，熟附子（先煎）、炒白术、茯苓、制半夏各9g，肉桂、五味子各3g。水煎服，日1剂，早晚分服。

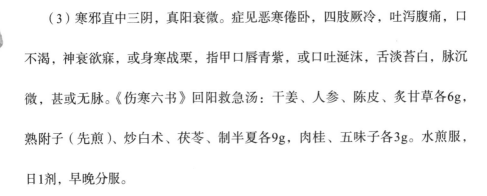

15. 女性虚寒崩漏

干姜、熟附片各6g，白术、黄芪、生龙骨、生牡蛎各12g，茜草、陈棕炭各9g，山萸肉15g。水煎服，日1剂，早晚分服。

16. 冻疮

干姜、红花各30g，黄柏25g。加水500ml浸泡10小时，煎至200ml，去渣取汁，加95%的乙醇溶液200ml混匀，擦冻疮处。

17. 蛔厥证

蛔厥证之心烦呕吐，时发时止，食则吐蛔，手足厥冷，腹痛，以及久痢、久泻等，《伤寒论》乌梅丸：干姜、细辛、附子（先煎）、桂枝、人参、黄柏各9g，乌梅、黄连24g，当归、蜀椒各6g。水煎服，日1剂，分两次服。

18. 赤白痢久不止，肠中疼痛

白术30g，干姜30g，附子50g，地榆30g，黄连30g，阿胶60g，龙骨60g，赤石脂90g。

19. 妇人伤寒，经脉方来初断，寒热如疟，狂言见鬼者

柴胡120g（去芦），栝楼根60g，桂枝45g，牡蛎30g（熬），干姜30g（炮），甘草（炙）30g。

昼日烦躁不得眠，夜而安静，不呕不渴；无表证，脉沉微，身无大热者。

干姜60g，附子5g（生用）。功能：治伤寒下之后，复发汗。

21. 治上热下寒，寒热格拒，食入则吐

干姜、黄芩、黄连、人参各6g。

22. 产后身痛，脉虚细者。

熟地15g，人参4.5g，白术4.5g（炒），当归9g，白芍4.5g，干姜4.5g。

23. 霍乱苦呕不息

干姜60g（切），吴茱萸60g（熬）。

24. 配五味子

温肺平喘，化痰止咳。干姜辛热温脾肺之寒，五味子酸温收敛、止咳平喘，用干姜治其生痰之源，五味子以治其标、二药相伍，一收一散，一阖一开，相互制约，以免过于发散耗伤肺气，又防酸收太过敛肺遏邪之弊。

25. 配附子

附子辛温大热，其性善走，为通行十二经脉纯阳之药；干姜气足味厚，暖脾胃而散寒，回阳通脉以救逆。二药伍用，回阳救逆之力倍增。

26. 配甘草

干姜辛温，能走能守，温中回阳，温肺化痰，偏治里寒；甘草味甘性平，炙后入药，益气补中，缓急止痛。二药伍用，辛从甘化，能守中复阳，并且具有温肺益阳之功用，用治腹中冷寒、肺寒痰饮咳嗽等。

27. 配黄连

干姜辛热，温中散寒，回阳通脉，温肺化痰；黄连苦寒，清热燥湿，泻火解毒，清心除烦。二药相伍，辛开苦降，一温散，一寒折，除寒积，清郁热，止呕逆，制泛酸，和胃泻脾开结甚妙。

28. 配厚朴

厚朴干姜合用，为苦辛温法。厚朴芳香苦温下气化湿除满为主，辅以干姜辛热之味，温中散寒，运脾化湿二药伍用，相得益彰，温中化湿以祛中焦寒湿，行气消胀以疗肠胃气滞。

29. 配桂枝

桂枝辛甘温，功专解肌祛寒，温经通阳，调和营卫；干姜辛热，温阳散寒，蠲除水饮为主。二药伍用，功效益彰，温肺化饮、止咳平喘之力增强。

30. 配半夏

干姜辛热，能祛脾胃寒邪；半夏性温，降逆止呕，燥湿化痰。二药伍用，温胃止呕，"干姜得半夏则呕止。"

31. 配大枣

调和营卫，健脾和中。干姜辛热，温中散寒，大枣味甘，益胃合营，二药伍用，辛甘发散为阳，刚柔相济，益脾和中，行脾胃津液，治营卫不和之症。

32. 配栀子

栀子性寒味苦，清降心胸间烦热；干姜性热味辛，温散中焦脾胃之寒。二药配对，一寒一热，具有清上温下、平调寒热之功，治误下伤中、脾胃生寒、又有郁热不除、心烦腹满便溏等。

33. 配人参

人参干姜均可入中焦脾胃，人参甘而微温，善健脾气扶胃气；干姜辛甘大热，善温暖脾胃而祛寒。二药相使合用，辛甘扶阳，且人参得干姜使补而能行，大气周疏，干姜得人参使行而通，中气畅通，有相补相助之意。

（三）经典选方

1. 治卒心痛

干姜末，温酒服方寸匕，须臾，六、七服，瘥。(《补缺肘后方》)

2. 治少阴病，下利清谷，里寒外热，手足厥逆，脉微欲绝，身反不恶寒，其人面色赤，或腹痛，或干呕，或咽痛，或利止脉不出者

甘草二两（炙），附子大者一枚（生用，去皮，破八片），干姜三两（强人可四两）。上三味，以水三升，煮取一升二合，去滓，分温再服，其脉即出者愈。(《伤寒论》通脉四逆汤)

3. 治中寒水泻

干姜（炮）研末，饮服二钱。(《千金方》)

4. 治头目旋晕吐逆

川干姜二两（炮），甘草一两（炙赤色）。上二味，为粗末。每服四、五钱，用水二盏，煎至八分，食前热服。(《传信适用方》止逆汤)

5. 治妊娠呕吐不止

干姜、人参各一两，半夏二两。上三味，末之，以姜汁糊为丸，如梧子大。每服十丸，日三服。（《金匮要略》干姜人参半夏丸）

6. 治伤寒下之后，复发汗，昼日烦躁不得眠，夜而安静，不呕不渴，无表证，脉沉微，身无太热者

干姜一两，附子一枚（生用，去皮，切八片）。二味以水三升，煮取一升，去滓，顿服。（《伤寒论》干姜附子汤）

7. 治脾寒疟疾

（1）干姜、高良姜等分。为末。每服一钱，水一盏，煎至七分服。

（2）干姜炒黑为末，临发时以温酒服三钱匕。（《外台秘要》）

8. 治寒痢青色

干姜切豆大，海米饮服六、七枚，日三夜一。（《补缺肘后方》）

9. 治吐血不止

干姜为末，童子小便调服一钱。（《千金方》）

10. 治吐、下血

当归、阿胶各八分，川芎五分，蒲黄一钱，柏叶一钱五分，炒姜炭七分。上水煎，百草霜末点服。（《观聚方要补》断红饮）

11. 治脾胃虚弱，饮食减少，易伤难化，无力肌瘦

干姜（频研）四两，以白饧切块，水浴过，入铁铫溶化，和丸梧子大。每空心米饮下三十丸。(《十便良方》)

12. 治肾着之病，其人身体重，腰中冷，如坐水中，形如水状，反不渴，小便自利，饮食如故，病属下焦，腰以下冷痛，腹重如带五千钱

甘草、白术各二两，干姜、茯苓各四两。上四味，以水五升，煮取三升，分温三服。(《金匮要略》甘草干姜茯苓白术汤方)

13. 治暴赤眼

白姜末，水调，贴脚心。(《普济方》)

14. 治痈疽初起

干姜一两。炒紫，研末，醋调敷周围，留头。(《诸症辨疑》)

15. 治一切寒冷，气郁心痛，胸腹胀满

白米四合，入干姜、良姜（高良姜）各一两，煮食。(《寿世青编》干姜粥)

16. 治食后吐酸水

干姜、吴茱萸各二两。上二味，治下筛。酒服方寸匕，日二服。胃冷服之，立验。(《千金要方》治中散)

17. 治水泻无度

干姜末，粥饮调一钱服，立效。（《政和本草》引孙真人方）

18. 疗肠癖，溏便脓血

干姜、黄连、桂心（肉桂）各一分。上为末。服方寸匕，着糜中食，日三服。多脓加桂。忌猪肉、冷水、生葱。（《外台》引《古今录验》干姜散）

19. 治夏月为阴寒之气抑遏阳气于内，不得外发，头肢节痛，身体拘急，烦心，肌肤大热，无汗

干姜五钱，桂枝一两，杏仁（苦杏仁）一钱，生甘草一两。上共为细末，每以白汤送下二三钱。（《杏苑生春》）

20. 治一切嗽及上气者

干姜、皂荚（猪牙皂）（炮，去皮、子，取肥大无孔者）、桂心（肉桂）（紫色辛辣者，削去皮）。三物并别捣，下筛，各称等分，多少任意。和合后，更捣筛一遍，炼白蜜和搜，又捣一二千杵。每饮服三丸，丸稍加大，如梧子，不限食之先后，嗽发即服。日三五服。（《传信方》）

21. 治妇人血瘕痛

干姜一两，乌贼鱼骨（海螵蛸）一两。上二味，治下筛，酒服方寸匕，日三服。（《千金要方》）

22. 治毒热口疮，或下虚邪热

干姜、黄连为末，掺疮上。初若不堪，应手而愈。(《世医得效方》换金散）

23. 治牙痛

干姜一两，雄黄三钱。上为细末，搽之立止。(《万病回春》)

24. 治鼻齆

干姜末，蜜和，塞鼻中，吹亦佳。(《千金要方》)

25. 治打扑伤损，筋断骨折疼痛

干姜、川乌头、苍术、当归各等分。为细末，用米醋打稀糊，入药末不拘多少，调成膏子。用厚纸，上摊药，乘热贴敷伤处。如冷时，即用火四边炙令热；如干，即以醋润湿之。(《叶氏录验方》胜金散）

26. 消化系统肿瘤

人参6g，干姜5g，炙甘草6g，白术9g。水煎去渣，温服，每日分3次服，服后可饮适量热粥以助药力。(《抗癌良方》)

27. 胰腺癌

川椒10g，干姜10g，党参15g，白术10g，白芍15g，茯苓10g，猪苓10g，百合30g，藿香10g，佩兰10g，白花蛇舌草30g。水煎服。(《抗癌中草药大辞典》)

（四）方剂

1. 大建中汤（《伤寒论》）

川椒、干姜、人参、饴糖。功用：温中补虚，降逆止痛。主治：中阳衰弱，阴寒内盛。症见：心胸中大寒痛，呕不能食，腹中寒，上冲皮起，头足痛而不可触近，苔白滑，脉细紧，甚则肢厥脉伏；或腹中辘辘有声。

2. 四逆汤（《伤寒论》）

附子、干姜、甘草。功用：回阳救逆。主治：①少阴病。症见：四肢厥逆，恶寒卷卧，呕吐不渴，腹痛下利，神衰欲寐，舌苔白滑，脉象细弱。②太阳病误汗亡阳。

3. 白通汤（《伤寒论》）

葱白、干姜、附子。功用：通阳破阴。主治：少阴病，下利，脉微者。

4. 回阳救急汤（《伤寒六书》）

熟附子、干姜、肉桂、人参、白术、茯苓、陈皮、甘草、五味子、半夏。功用：回阳救急，益气生脉。主治：寒邪直中三阴，真阳衰微。症见：恶寒倦卧，四肢厥冷，吐泻腹痛，口不渴，神衰欲寐，或身寒战栗，指甲口唇青紫，或口吐涎沫，舌淡苔白，脉沉微，甚或无脉等。

5. 五积散（《太平惠民和剂局方》）

白芷、川芎、炙甘草、茯苓、当归、肉桂、芍药、半夏、陈皮、枳壳、麻

黄、苍术、干姜、桔梗、厚朴。功效：调中顺气，除风冷，化痰饮。治脾胃宿冷，腹胁胀痛，胸膈停痰，呕逆恶心；或外感风寒，内伤生冷，心腹痞闷，头目昏痛，肩背拘急，肢体怠惰，寒热往来，饮食不进，及妇人血气不调，心腹撮痛，或经闭不通等。

6. 小青龙汤（《伤寒论》）

麻黄、桂枝、芍药、甘草、干姜、细辛、半夏、五叶子。功用：解表蠲饮，止咳平喘。主治：风寒袭表，水饮内停，恶寒发热，无汗，喘咳，痰多而稀，或痰饮咳喘，不得平卧，或身体疼重，头面四肢浮肿，舌苔白滑，脉浮者。

7. 苓甘五味姜辛汤（《金匮要略》）

茯苓、甘草、干姜、细辛、五味子。功用：温肺化饮。主治：寒饮内蓄。症见：咳嗽痰多，痰稀色白，胸膈不快，舌苔白滑，脉弦滑等。

8. 乌梅丸（《伤寒论》）

乌梅、细辛、干姜、黄连、当归、附子、蜀椒、桂枝、人参、黄柏。功用：温脏安蛔。主治：蛔厥证。症见：心烦呕吐，时发时止，食则吐蛔，手足厥冷，腹痛，以及久痢，久泻等。

（五）西医学应用

1. 慢性胃炎

用英胡干姜汤治疗慢性胃炎100例。用蒲公英25～50g，延胡索10～30g，干姜3～9g；偏热者重用蒲公英，偏寒者重用干姜，偏于气滞血瘀或疼痛明显者重用延胡索。水煎服用，每日1剂。结果：治愈38例，好转56例，无效6例；总有效率为94%。

2. 胆汁反流性胃炎

用半夏泻心汤治疗胆汁反流性胃炎60例。制半夏、黄连、黄芩、干姜各10g，炙甘草6g，党参30g，红枣5枚。加减：肝郁气滞者加柴胡、郁金、木香、香附各10g；气滞血瘀者加五灵脂、蒲黄、檀香、延胡索各10g；呕恶纳呆者加藿香、砂仁各6g，焦楂、川朴花各10g；大便秘结者加生大黄6g（后下），当归、肉苁蓉、杏仁各10g。每日1剂，水煎取600ml，分2～3次服。14天为1疗程，2月后复查胃镜并统计疗效。结果：临床治愈（症状消失，食欲食量正常，胃镜复查胃内无胆汁淤积）46例，占76.67%；好转（症状消失，食欲食量正常，胃镜复查胃内仍有胆汁淤积，但较前次减少）9例，占15%；无效（症状减轻，食欲食量改善，胃镜复查同初诊相比无进步）5例，占8.33%。总有效率为91.67%。

3. 2型糖尿病

用干姜黄芩黄连人参汤。干姜6g，黄芩20g，黄连20g，人参9g。根据患者实际临床症状进行加减治疗，1剂/天。每组患者治疗3个月，所有患者治疗期间均严格控制饮食，并禁止使用其他降糖药物。结果：观察组患者疗后临床症状

评分与对照组相比明显较低（ $P<0.05$ ）；观察组患者治疗后糖化血糖蛋白、空腹血糖水平、餐后2小时血糖水平与对照组相比均明显降低（ $P<0.05$ ）；且观察组的治疗总有效率明显高于对照组（ $P<0.05$ ）；观察组患者治疗后不良反应发生率与对照组相比明显较低（ $P<0.05$ ）。

4. 妊娠呕吐

药用人参12g，半夏10g，干姜10g，竹茹12g，紫苏12g，陈皮12g，砂仁6g。每日1剂，水煎分2次温服。结果：21例均治愈，用药后2天恶心呕吐停止6例、口服3天后恶心呕吐停止8例、口服1周恶心呕吐停止7例。

5. 妊娠恶阻

用干姜人参半夏丸合桂枝汤。党参10g，半夏10g，桂枝10g，白芍10g，干姜10g，甘草5g，大枣2枚。恶寒者加重桂枝量，改干姜为生姜；气虚者加西洋参；厌食纳差加焦三仙。每天1剂，水煎服，7天为1个疗程。结果：临床治愈43例（服药3～10剂），占89.6%；有效3例，占6.3%；无效2例（服中药后呕吐加重停药），占4.2%。总有效率95.8%。

6. 小儿外感发热肢厥

主方用四逆散加干姜，方药组成：柴胡10g、枳实10g、杭白芍5g、甘草5g、干姜5g。兼见咳嗽者加苦杏仁10g、川贝母10g以降气止咳；胃纳差者加白术10g、砂仁10g以温中健脾。水煎服，每日1剂，多次频服，年龄小、体重轻的患儿酌减。结果：52例患者中，40例痊愈，8例显效，3例有效，1例无效，总有效率为98.1%。

7. 慢性结肠炎

用干姜黄芩黄连人参汤加味治疗。处方：人参（或党参）15g，干姜、黄芩各9g，黄连6g。加减：脾虚甚者加炒白术、山药；兼肝郁者加四逆散合香附；腹痛甚者重用白芍（可用至30g），另可加延胡索；便血多者加三七粉（或云南白药）、地榆炭；五更泄泻者加肉豆蔻、吴茱萸；里急后重者加木香。每天1剂，水煎2次，混匀，分多次少量频服。治疗15天为1疗程。病程长、病情重、易反复发作者，配以灌肠疗法，方以孙氏蒲败灌肠液为主：蒲公英、败酱草各30g，穿心莲15g，黄柏10g。浓煎取汁80~100ml，于每晚睡前保留灌肠，灌肠前嘱排尿、排便以减低腹压，取左侧卧位，抬高臀部，药液灌入宜缓慢，保留时间至少3~5小时。治疗15天为1疗程。灌肠疗法一般于内服药服用10~15天，初显效果后配合使用，视病情、疗效或患者的具体情况使用3个月至半年。结果：痊愈18例，显效24例，有效11例，无效3例，总有效率为94.6%。其中9例在5个疗程内痊愈，5例在8个疗程内痊愈，4例在12个疗程痊愈。随访6月至5年，痊愈患者中有3例复发，后继以上药适当调整治疗仍有效。

8. 胃脘痛

治以温中散寒、化瘀止痛，用干姜党参汤加减。药用干姜20g，葛根20g，

党参20g，炒白术15g，木香10g，炙甘草6g，重楼15g。脾胃阳虚者加大干姜、白术用量，减少重楼用量。泛酸欲呕加乌贼骨20g，法半夏15g。两日1剂，2周为一疗程。结果：显效65例，占77%；有效18例，占21%；无效2例，占2%；总有效率98%。

9. 顽固性腹泻

艾叶60g（切丝），干姜60g（捣碎成粉末），拌匀用纱布包纳，敷于脐部及下腹部（关元），然后用远红外线或光热照射，每次30分钟（亦可用热水袋热敷，每次30～50分钟）。每日2次，5天为1个疗程。用药过程中无需换药。结果：21例患者中，1个疗程治愈者9例，其余12例均在2个疗程之内治愈，平均治疗7次。腹泻病程短者，一旦获效即减少敷药次数，以免大便秘结；腹泻病程长者，宜增加敷药天数，以资巩固。

10. 尿毒症性胃炎

干姜、黄芩、黄连各5g，党参10g，鸡内金10g，焦山楂、焦神曲各12g，苏叶、苏梗各10g。泛酸加乌贼骨；便秘加制军或火麻仁。1剂/天，水煎浓汁200ml，分2次口服。15天为1疗程。有效者连服2个疗程。符合血透条件者，动员其择时作动-静脉内瘘术，待4～6周后，以血透来缓解病情，延长寿命。结果：全部病例服药7天后，恶心、呕吐均有不同程度好转，1个疗程后恶心、呕吐基本消失，食欲增加，体力及精神也好转，再服1个疗程，直至内瘘可以使用即停止服药。

11. 手足皲裂

（1）干姜擦剂配制：20%干姜酊30ml（干姜20g，80%乙醇溶液加至100ml，取两次滤液合并而得）、干姜粉5g、氯化钠0.5g、甘油30ml、香精3滴，水加至100ml。10%尿素软膏：芜湖市第三制药厂生产，乳剂型，批号980104、990116。

（2）用法：治疗组采用干姜擦剂，使用前要求振荡均匀，对照组用10%尿素软膏，两组患者局部涂药后轻轻按摩2～3分钟，每天2～3次。对Ⅲ度患者要求先用热水浸泡患处10～15分钟，用刀削去过厚角质层后再涂药，治疗7天为1个疗程。治疗1个疗程后判定疗效。结果：治疗组70例中治愈46例（65.7%），显效16例（22.8%），无效8例（11.4%），总有效率88.6%；对照组50例中治愈16例（32.0%），显效18例（36.0%），无效16例（32.0%），总有效率68.0%，经统计学处理，两组治愈率差异有显著性（$P<0.01$），两组总有效率差异有显著性（$P<0.05$）。治疗组中，部分患者涂药后患部有一过性疼痛，有1例患者使用期间皮肤变硬、瘙痒，立即停止用药。10%尿素软膏无明显副反应。

12. 腰腿疼

用干姜苍术散治疗寒湿性腰腿痛。干姜50g，苍术10g，当归15g。按此比例配方，研成细末，过筛备用，先将药末用95%乙醇溶液调成糊状，外敷于患者疼痛最明显之处，并用敷料、纱布固定。然后，用装有两只60～100瓦白炽灯泡的烤箱外烤，灯泡离所敷部位2～3寸为宜，每次外敷热烤20～40分钟，每日1次，一般以1～2周为一疗程，如治疗中疼痛明显减轻，则隔2～3日治疗1次，直到疼痛完全消失。在治疗过程中，如局部出现水疱应停止敷药，待水疱消失后继续治疗。结果：临床症状全部消失，不再复发者16例，占53.3%。临床症状基本消失，功能恢复，活动自如，仅时感腰腿部稍有不适，疼痛一般不再复发者11例，占36.7%。疼痛明显减轻，功能恢复，唯受凉或天气转阴时，稍觉疼痛者3例，占10%。本组患者，最短经治3次，最长45次，平均为15次。

13. 慢性乙型肝炎

采用柴胡桂枝干姜汤（柴胡15g、桂枝10g、干姜8g、黄芩6g、天花粉12g、生牡蛎15g、炙甘草6g）加减治疗慢性乙型肝炎。90天为1疗程，3个疗程为判断疗效的极限。随证加减：上腹胀满和（或）畏寒、肠鸣、便溏脾虚寒证明显者，桂枝加至15g，加白术12g、吴萸5g、云苓15g。全身乏力、食欲不振以脾气虚证明显者，加黄芪15g、党参10g。口苦、苔黄湿热证明显者，黄芩加至10g，加茵陈20g、金钱草20g，桂枝干姜减量。有瘀血症状者加丹参10g、姜黄10g、三七粉2g。体征、HBV标志物及生化异常的，根据临床证候中的侧重而随证用药。结果：治愈21例，好转24例，无效4例；总有效率91.8%。

14. 肝炎后综合征

方选《伤寒论》柴胡桂枝干姜汤。药用柴胡10g，桂枝6g，干姜6g，瓜蒌15g，黄芩6～10g，牡蛎30g，炙甘草6g。服法：水煎2次分服，每日1剂，7剂为一诊。若食欲不振加焦四仙、鸡内金；胁痛甚加延胡索、川楝、白芍；腹胀甚加厚朴、枳壳、木香；小便不利加茯苓、猪苓、泽泻；头晕头痛加菊花、天麻、钩藤、白蒺藜。结果：29例痊愈，22例好转，总有效率达92.8%。

15. 幽门梗阻

白术、附子、藿香、神曲各10g，干姜、肉桂、砂仁各6g，姜半夏15g，炙艾叶5g，上腹部胀痛甚者加厚朴、大腹皮各5g，伴有烧灼感者加黄连6g。文火水煎2次（第1次先煎附子30分钟），2次共取药液500ml，混合，分2次温服，每日1剂。结果：治愈56例，无效4例，治疗时间最短4天，最长6天，总有效率93.3%。

16. 晕船

干姜粉1g给晕动病敏感性高、中、低受试者口服，开船前30分钟服用，低敏感度受试者13人，100%显示抗晕船；中敏感度受试者20人，17人显示抗晕船；高敏感受试者41人，14人显示抗晕船，总抗晕船有效率81.5%。

17. 男性不育症

甘草15g，白术15g，干姜30g，茯苓30g，肉苁蓉21g，淫羊藿30g，菟丝子

30g，鹿角胶12g，水煎服，每日1剂。早晚分服，3个月为1个疗程。结果：治疗组中，30天治愈者有88例，45天治愈者有98例，60天治愈者有126例，90天治愈者有186例。治疗后精液分析检查；精子成活率均恢复到75%以上，除2例患者中断治疗外，有效率达100%。

（四）食疗作用

干姜饼：用面粉150g，拌和作饼子。功用：治冷痢，泻不止，食物不消。

干姜酒：干姜90g，泡入50度白酒2L中。功用：治老人冷气逆，心痛结，举动不得。

干姜粥：白米4合，干姜30g，良姜30g，熬成粥。功用：温暖脾胃，散寒止痛。

独活姜附酒：将独活、制附子、干姜捣碎后装入布袋置于容器中，加入白酒密封浸泡3～7天后，过滤去渣即成。功用：有温中散寒、祛风除湿、消肿止痛之功效。

骨碎补粳米粥：将骨碎补、附子、干姜三味药水煎约30分钟，去渣留汁备用，将粳米淘洗干净，粳米内放入药汁，再加适量清水煮至成粥即可。功用：温阳益气，适于中老年性关节炎患者食用，症见关节疼痛、屈伸不利、天气变化加重、昼轻夜重、遇寒痛增等。

干姜养生粥：干姜1～3g，高良姜3～5g，粳米100g。先煎干姜、高良姜，取汁，去渣，再入粳米同煮为粥。功用：暖和脾胃、散寒止痛。

干姜陈皮花茶：干姜3g，陈皮5g，花茶包1个，水250ml。把水加入锅里煮沸后，加入干姜、陈皮再煮约5分钟后，滤渣取汁；将花茶包置于杯中，用煮好的药汁冲泡。功用：温中暖胃。

干姜羊肉汤：羊肉（瘦）150g，干姜30g，盐1g，大葱3g，花椒粉1g。做法：羊肉切块，与干姜共炖至肉烂，调入盐、葱花、花椒面，即可。功用：①温里，散寒，补虚。②适用于脾肾阳虚之肢冷畏寒、腰膝酸软、小便清长或下肢浮肿；泄下量多；月经后期小腹发凉等症。

温肺粥：五味子9g，干姜9g，细辛3g，大米100g。将三味中药洗净，用干净的纱布包好。大米洗净后加入适量清水，再放入用沙布包好的中药，同煮成粥。将粥中的纱布包去掉，分早晚两次食粥。功用：温肺、止咳、化痰。适用于冬季感受风寒引起的咳嗽气喘，痰色稀白者。

姜茶饮：干姜3g，绿茶3g。干姜（切丝）、绿茶用水煎浓汁。功用：温中散寒，回阳通脉，燥湿消痰。适用于细菌性痢疾。

姜枣红糖汤：干姜5g，枣（干）15g，赤砂糖30g。将大枣去核，洗净，干姜洗净，切片。大枣、干姜，加红糖煎汤服。功用：可暖宫散寒，适用于寒凝痛经。

（五）在动物上的应用

干姜粉对多种水产养殖品种的出血、应激等症状有缓解作用。干姜粉可降低南美白对虾在气候变换时出现的应激反应，干姜粉还可提高南美白对虾的抗病能力。在鱼苗鱼种转塘时的应用表明，干姜粉可使鱼在转塘过程中应激性出血率降低30%以上，死亡率也随之降低。在鱼的长途运输过程中，干姜粉既可减轻其"晕车"现象，又可降低鱼群死亡率。在饲料中添加适量干姜粉可提高鲫鱼的排毒能力，降低死亡率12.7个百分点。

周军等报道，在仔猪出生后15天左右，将500g生姜捣碎，加水熬成1.5～2.0L的姜汁，分3～4次拌料饲喂，不仅能提高仔猪的成活率，还能使仔猪早期增重加快。将烘干的生姜与等量晒干的橘子皮混合研粉，按1%的比例掺入饲料中喂猪，有明显的催肥效果。

张明报道，治疗仔猪腹泻，可用干姜100g、茶叶250g、红糖750g，煮沸煎汤，滤取药液喂服，每头每次250ml，每天2次，3天即愈。治疗家畜创伤，可用干姜、苦参各等份，入铁锅旺火炒至焦黄，表面稍有炭化为止，研细末装瓶备用。先按外科常规处理创面后，取适量药末用灭菌蒸馏水或生理盐水调成糊状膏剂敷于创面，必要时包扎伤口，隔日换药1次，连用5～7次。治疗牛疮溃发痒，取干姜、枯矾各等份，研成细末，选用茶叶煎水，按2%～3%的比例加入食盐，充分洗涤患部，再撒上干姜枯矾粉末，1～2次/天，连用数日。

参考文献

［1］ Chakraborty D, Mukherjee A, Sikdar S, et al. Gingerol isolated from ginger attenuates sodium arsenite induced oxidative stress and plays a corrective role in improving insulin signaling in mice ［J］. Toxicol Lett, 2012, 210（1）: 34–43.

［2］ Chrubasika S, Pittlerc M H, Roufogalis B D. Zingiberis rhizome: A comprehensive review on the ginger effect and efficacy profiles ［J］. Phytomed, 2005, 12（9）: 684–701.

［3］ Hiroe Kikuzaki. Antioxidant effects of some ginger consitituents ［J］. J of Food Science, 1993, 58（6）: 1407–1410.

［4］ Kikuzaki H. Diaryheptanoids from zingiber offcinale ［J］. Phytochemistry, 1991, 30（11）: 3647–3651.

［5］ Kikuzaki H. Cyclic diaryheptanoids from zingiber of fcinale ［J］. Phytochemistry, 1996, 43（1）: 273–278.

［6］ Koo K L, Ammit A J, Iran V H, et al. Gingerols and related analogues inhibit arachidonic acid–induced human platelet serotonin release and aggregation ［J］. Thromb Res, 2001, 103（5）: 387–397.

［7］ LI Y L, LIANG H.Study on sedation of dried ginger ［J］. Agricultural Science & Technology, 2008, 9（4）: 121–122, 126.

［8］ Masuda Y, Kikuzaki H, Hisamoto M, et al. Antioxidant properies of gingerol related compounds from ginger ［J］. Biofactors, 2004, 21（1–4）: 293.

［9］ Tzeng T F, Liu I M. 6 – Gingerol prevents adipogenesis and the accumulation of cytoplasmic lipid droplets in 3T3–L1 cells ［J］. Phytomedicine, 2013, 20（6）: 481–487.

［10］ Zhao Y, Tao Q F, Zhang R P, et al. Two new compounds fromZingiber officinale ［J］. Chinese Chemical Letters, 2007, 18: 1247–1249.

［11］ Zhou C X, Zhang X Y, Dong X W, et al. Three new diarylheptanoids and their antioxidant property ［J］. Chinese Chemical Letters, 2007, 18: 1243–1246.

［12］ 班健. 干姜临床运用辨析 ［J］. 现代中西医结合杂志, 2006, 15（4）: 499–500.

［13］ 曹炳章. 刘德荣点校. 增订伪药条辨 ［M］. 福州: 福建科学技术出版社, 2004: 64.

［14］ 陈毓亨, 郭杭州. 川产生姜和干姜的调查 ［J］. 药学通报, 1980,（15）: 10.

［15］ 陈明, 刘燕华, 李芳. 刘渡舟临证验案精选 ［M］. 北京: 学苑出版社, 1996.

［16］ 陈德昌. 现代实用本草 ［M］. 北京: 人民卫生出版社, 1997: 17.

［17］ 陈静.《伤寒论》用药特色探析 ［J］. 陕西中医学院学报, 2009, 32（6）: 13–14.

［18］陈颖，刘冬，周静，等. 干姜挥发油对急性心肌缺血缺氧模型大鼠血流动力学的实验研究［J］. 成都中医药大学学报，2011，34（1）：80–82.

［19］陈岩. 干姜黄芩黄连人参汤治疗慢性结肠炎56例疗效观察［J］. 新中医，2010，42（10）：38–39.

［20］陈兆新. 干姜苍术散治疗寒湿性腰腿痛30例临床小结［J］. 江苏中医药，1989，（4）：27.

［21］崇卓，杨学伟，刘海霞，等. 四逆汤对肾性高血压大鼠肾及心脑病变的影响［J］. 青岛大学院学报，2007，43（6）：207–208.

［22］邓中甲. 方剂学［M］. 北京：中国中医药出版社，2013.

［23］杜雨茂. 杜雨茂肾脏病临床经验集萃［M］. 北京：中国中医药出版社，2013.

［24］段莉，李鹏，张健. 四逆散加干姜治小儿外感发热肢厥52例临床报告［J］. 实用中西医结合临床，2011，11（4）：65–66.

［25］范建红，王小军. 干姜人参半夏丸合桂枝汤治疗妊娠恶阻48例［J］. 方药应用，2013，21（3）：40–41.

［26］方文韬，詹志来，彭华胜，等. 干姜、姜、炮姜分化的历史沿革与变迁［J］. 中国中药杂志，2017，42（9）：1641–1645.

［27］冯敬群，权建昌. 炮制对生姜挥发油的影响［J］. 中成药，1998，（14）：20–22.

［28］国家药典委员会. 中华人民共和国药典（一部）［M］. 北京：中国医药科技出版社，2010：13–14.

［29］郭忠士，李光，周兴武. 参菩白术散加干姜及大枣水煎服治疗婴幼儿慢性腹泻30例观察［J］. 齐齐哈尔医学院学报，1999，20（3）：254.

［30］胡世林. 中国道地药材［M］. 哈尔滨：黑龙江科学技术出版社，1989.

［31］黄宫绣. 本草求真［M］. 北京：学苑出版社，2011.

［32］韩燕全，洪燕，姜蕾，等. 姜的炮制、质控和药理研究进展［J］. 中国现代中药，2011，13（4）：48–51.

［33］胡斌清. 艾叶、干姜脐部热敷治疗顽固性腹泻21例［J］. 上海中医药杂志，2008，42（4）：39–40.

［34］胡海全，姜正林，邹国起，等. 口服干姜粉预防晕船的效果观察［J］. 中国航海医学杂志，1999，6（1）：23–25.

［35］何永强. 参脉针配艾叶蛇床子干姜治疗硬肿症8例［J］. 旅行医学科学，2011，（3）：45.

［36］蒋苏贞，廖康. 干姜醇提取物对实验性胃溃疡的影响［J］. 中国民族民间医药，2010，19（8）：79–80.

［37］蒋苏贞，陈玉珊. 干姜醇提取物对肠道平滑肌运动的影响［J］. 医药导报，2011，30（1）：11–14.

［38］蓝华生. 干姜黄芩黄连人参汤治疗尿毒症性胃炎10例报道［J］. 时珍国医国药，2002，13（1）：50.

［39］梁·陶弘景. 本草经集注［M］. 北京. 人民卫生出版社，1994.

［40］李时珍. 本草纲目（校点本第三册）.［M］北京：人民卫生出版社，1979.

［41］李正理，张新英. 植物解剖学.［M］北京：高等教育出版杜，1983：246-261.

［42］李计萍，王跃生，马华，等. 干姜与姜主要化学成分的比较研究［J］. 中国中药杂志，2001，26（11）：748-751.

［43］李宇航，王庆国，陈萌，等. 半夏泻心汤及其拆方对胃电节律失常大鼠胃电慢波频率变异系数的影响［J］. 中国中西医结合杂志，2006，26（51）：53-55.

［44］李中立撰；郑金生，汪惟刚，杨梅香整理. 本草原始［M］. 北京：人民卫生出版社，2007.

［45］李艳玲，梁鹤. 干姜的镇静作用研究［J］. 安徽农业科学，2008，36（32）：14159-14160.

［46］李翔，吴豪，朱东亮，等. 干姜挥发油提取优化及GC-MS图谱研究［J］. 药学实践杂志，2009，27（1）：46-49.

［47］李丽，舒刚. 姜的研究现状［J］. 畜牧与饲料科学，2011，32（11）：51-52.

［48］李安源，李夏. 英胡干姜汤治疗慢性胃炎100例［J］. 山西中医，1994，15（1）：3-4.

［49］廖晖，王慧梅，王春莲，等. 干姜擦剂治疗手足皲裂70例［J］. 中国中西医结合杂志，2001，21（6）：469.

［50］柳长华. 李时珍医学全书［M］. 北京：中国中医药出版社，1999.

［51］刘国强. 半夏泻心汤治疗胆汁反流性胃炎60例［J］. 四川中医，2003，21（5）：38.

［52］卢传坚，欧明，王宁生，等. 姜的化学成分分析研究［J］. 中药新药与临床药理，2003，14（3）：215-217.

［53］卢传坚，许庆文，欧明，等. 干姜提取物对心衰模型兔心功能的影响［J］. 中药新药与临床药理，2004，15（5）：301.

［54］陆国辉，李艳茹. 甘草干姜汤对博来霉素诱导的大鼠肺纤维化SIRT1和TGF-1蛋白表达的影响［J］. 中药药理与临床，2014，30（6）：25-27.

［55］罗京超，冯毅凡，吉星. 天然线性二苯基庚烷类化合物的研究进展［J］. 中草药，2008，39（12）：1912-1917.

［56］孟青，冯毅凡，郭晓玲，等. 干姜超临界CO_2提取物质量控制的研究［J］. 中国中药杂志，2005，30（10）：750-752.

［57］钮翠然，陆娟，宋丽丽，等. RP-HPLC法测定干姜中3种姜酚的含量［J］. 药物分析杂志，2008，28（12）：2008-2010.

［58］蒲华清，王秉翔，杜爱玲，等. 6-姜酚在不同环境中对人肝癌细胞株杀伤和化疗增敏作用的研究［J］. 中华老年医学杂志，2014，33（4）：424-428.

［59］潘菊，胡颖. 姜组培苗工厂化生产技术［J］. 湖南农机，2012，39（7）：231.

［60］钱宝庆，徐红，祝光礼，等. 干姜胶囊防治冠心病、心肌梗死的临床研究［J］. 中国中医急症，1998，7（1）：11.

［61］曲恒芳，姜艳艳，于建光. 妊娠呕吐的干姜疗法［J］. 职业与健康，2005，21（1）：118.

［62］热增才旦，王英锋，童丽，等. GC/MS法测定干姜挥发油化学成分［J］. 青海医学院学报，2007，28（4）：265-267.

［63］芮雯，冯毅凡，吴妍，等. 干姜油中姜酚类成分的UPLC/Q-TOFMS分析［J］. 中草药，2008，39（5）：667-668.

［64］孙星衍（清）等辑. 神农本草经［M］. 北京：人民卫生出版社，1982.

［65］孙思邈著；鱼振廉，张琳叶，胡玲，等校注. 千金翼方［M］. 北京：中国医药科技出版社，2011：9.

［66］史庆龙，李菁，童新华，等. 超临界CO_2流体萃取姜油的研究［J］. 中药材，1999，22（3）134-135.

［67］沈映君，陈长勋. 中药药理学［M］. 上海：上海科学技术出版社，2010：110.

［68］沈云辉，陈长勋，徐姗珺，等. 干姜醋酸乙酯提取物抗心律失常作用研究［J］. 时珍国医国药，2008，19（5）：1064-1065.

［69］石宇华. 干姜质量标准及干姜、炮姜和姜炭的化学成分比较研究［D］. 成都中医药大学，2008.

［70］谭建宁，王锐，黄静，等. 干姜制备过程中挥发油化学成分变化的研究［J］. 时珍国医国药，2012，23（3）：569.

［71］唐慎微（宋）. 重修政和经史证类备急本草［M］. 北京：人民卫生出版社，1957.

［72］唐慎微原著，艾晟刊定；尚志钧点校. 大观本草［M］. 合肥：安徽科学技术出版社，2002：225-226.

［73］万德光，彭成，赵军宁. 四川道地中药材志（第1版）［M］. 四川：四川科学技术出版社，2005.

［74］汪晓辉. 川产干姜质量、生长发育规律及氮磷钾营养规律研究［D］. 成都中医药大学，2003.

［75］汪晓辉，周元雳，卫莹芳，等. 犍为干姜适宜加工方法的研究［J］. 时珍国医国药，2007，18（10）：2416.

［76］王静，王清玉. 干姜黄芩黄连人参汤治疗2型糖尿病30例临床观察［J］. 中国医药指南，2016，14（23）：194-195.

［77］王雪峰，陈青云，郑俊华. 干姜精油化学成分的研究［J］. 中药材，1995，18（2）：86-88.

［78］王梦，钱红美，苏简单. 干姜醇提取物对大鼠利胆作用研究［J］. 西北药学杂志，1999，14（4）：157.

［79］王金华，薛宝云，梁爱华，等. 姜与干姜药理活性的比较研究［J］. 中国药学杂志，2000，35（3）：163-165.

［80］王梦，钱红美，苏简单，等. 干姜醇提物的毒性研究［J］. 中医药学报，2000，（2）：60-62.

［81］王梦，钱红美，苏简单. 干姜乙醇提取物解热镇痛及体外抑菌作用研究［J］. 中药新药及临床药理，2003，14（5）：299-301.

［82］王维皓，王智民，高慧敏，等. 干姜炮制品的质量研究［J］. 中国中药杂志，2009，34（5）：564.

［83］王治远. 干姜和益智仁化学成分研究［D］. 合肥：安徽大学，2010.

［84］王航宇，李国玉，张珂，等. 干姜经不同炮制法对6-姜酚含量的影响［J］. 中国实验方剂学杂志，2013，19（1）：77.

［85］王丽霞，杨事维，李彬，等. 超临界CO_2流体萃取姜辣素的抗氧化活性研究［J］. 中国食品添加剂，2014，8：96-101.

［86］王维皓，王智民. 姜的化学、药理研究进展［J］. 中国中药杂志，2005，30（20）：1569-1573.

［87］王顺民. 柴胡桂枝干姜汤治疗肝炎后综合征56例［J］. 实用中医内科杂志，2005，19（6）：556.

［88］玄振玉，刘明岭. 干姜、生姜药用源流考辨［J］. 上海中医药杂志，2003，37（2）：48-50.

［89］宣伟东，卞俊，王朝武，等. 生姜中6-姜酚的提取方法比较及质量控制研究［J］. 解放军药学学报，2008，24（4）：329-331

［90］吴晓蓉. 干姜党参汤加减治疗胃脘痛85例［J］. 实用中医药杂志，2010，26（4）：241.

［91］谢恬，钱宝庆，徐红，等. 干姜对心肌细胞缺氧缺糖性损伤的保护及其抗血小板聚集功能的实验研究［J］. 中国实验方剂学杂志，1998，40（6）：47.

［92］许青媛，于利森，张小利，等. 干姜及其主要成分的抗凝作用［J］. 中国中药杂志，1991，16（2）：112.

［93］许庆文，卢传坚，欧明，等. 干姜提取物对兔急性心衰模型的保护和治疗作用［J］. 中药新药与临床药理，2004，15（4）：244.

［94］许庆文，卢传坚，欧明，等. 干姜提取物对兔急性心衰模型的保护和治疗作用［J］. 中药新药与临床药理，2004，15（4）：244.

［95］徐姗珺，陈长勋，高建平，等. 干姜与附子配伍减毒的物质基础探讨［J］. 时珍国医国药，2006，17（4）：518-520.

［96］谢恬，钱宝庆，徐红. 干姜对心肌细胞缺氧缺糖性损伤的保护及其抗血小板聚集功能的实验研究［J］. 中国实验方剂学杂志，1998，40（6）：47.

［97］杨春燕，张国升，李启照，等．四逆汤的化学成分及药用价值研究［J］．赤峰学院学报（自然科学版），2014，30（9）：12-13.

［98］叶冰，却翎，包·照日格图，等．干姜-细辛-五味子药对的止咳、抗炎作用研究［J］．四川中医，2010，28（11）：61-62.

［99］余悦，白筱璐，李兴平，等．干姜油的解热作用［J］．中药药理与临床，2009，25（3）：28-30.

［100］展海霞，彭成．附子与干姜配伍对心阳虚衰人鼠血浆肾上腺素、血管紧张素Ⅱ、醛固酮及ANP、NT的影响［J］．中药药理与临床，2006，22（2）：12-14.

［101］展海霞，彭成．附子与干姜配伍对心衰人鼠血流动力学的影响［J］．中药药理与临床，2006，22（1）：42-44.

［102］张明发，沈雅琴，许青援．干姜对缺氧和受寒小鼠的影响［J］．中国中药杂志，1991，16（3）：170.

［103］张明发，苏晓玲，沈雅琴．干姜现代药理研究概述［J］．中国中医药科技，1996，3（2）：46-48.

［104］张维勤．姜辣素的测定方法［J］．中草药，1992，24（2）：10.

［105］张树生，马长武．神农本草经贯通［M］．北京：中国医药科技出版社，1997，262.

［106］张科卫，宋王申，崔小兵，等．全国主要产区生姜中6-姜酚、6-姜醇含量的测定［J］．中国药学杂志，2009，44（22）：1692-1694.

［107］张惠鸣，杨如意．干姜黄连方敷脐治疗婴幼儿慢性腹泻51例［J］．山东中医杂志，2009，28（8）：543-544.

［108］张明．生姜治3种猪病［J］．农村新技术，2010（7）：26.

［109］张廷模．临床中药学［M］．上海：上海科学技术出版社，2011.

［110］张珵，余成浩，彭成．川产道地中药材干姜与生姜的研究进展［J］．中药与临床，2012；3（6）：56-58.

［111］张林军，张军爱，郑博．柴胡桂枝干姜汤治疗慢性乙型肝炎49例临床观察［J］．河北医科大学学报，1999，20（5）：310.

［112］张家亭．甘草干姜茯苓白术汤加味治疗男性不育症［J］．中外医疗，2009，（32）：97-98.

［113］钟凌云，邓玉芬，罗雅伦，等．鲜、干姜汁及不同姜汁制黄连对大鼠Na^+、K^+-ATP酶活力影响研究［J］．中药材，2014，37（12）：2186-2188.

［114］周学敏．干姜质量控制方法探讨［M］．中国中药杂志，1996，21（8）：487.

［115］周洪雷，张义虎，魏璐雪．干姜化学成分的研究［J］．中医药学报，2001，29（4）：3334.

［116］周静，杨卫平．干姜的临床应用及药理研究进展［J］．云南中医中药杂志，2011，32（2）：70-72.

［117］周军，闫惠筠. 生姜在养猪生产中的应用［J］. 饲料与畜牧，2011（1）：41–42.

［118］周静，杨卫平，李应龙，等. 干姜水煎液对急性心肌缺血大鼠血浆血管紧张素Ⅱ、血清肿瘤坏死因子α、丙二醛、一氧化氮的影响［J］. 时珍国医国药，2014，25（2）：288–290.

［119］周宇. 干姜人参半夏丸加味治疗妊娠呕吐21例［J］. 实用中医药杂志，2016，32（9）：877.

［120］曾晓丹，徐志良，王自鹏，等. 干姜粉在水产养殖中的应用［J］. 四川农业科技，2010（1）：44.